烹飪新術

許敦和編著

羣學書店出版

烹飪新術

烹飪新術

每冊實價

編著者　許敦和

出版者　羣學書店

總發行所山東路文化坊
門售部四馬路二七七號

總經售　各大書店

民國三十五年十一月出版

烹飪新術目次

【1】

烹飪新術

一　營養和消化的原理

飲食是人生的必需品，且一日不可缺少。世界上的人，有一日生命，便一日不能停止飲食；人吃到飲料食物，一到肚子裏去，就起消化作用。食物經過消化以後，方能起營養作用；身體接到了食物的營養，方能保護着人的生命，所以飲食是和人的生命，有直接關係的，誰都曉得，愛惜自己的生命，就該要具有一點飲食的常識，那纔可以。人沒有了飲食的資料，當然要喪失他的生命；但有了飲食的資料，倘不知道好利用的法兒，好好的去烹調，和好好的去研究，仍然不對，適當的飲料也一般要喪失生命的。所以關於人生，極有重要的關係。常言道：「病從口入，禍從口出。」那第一句，便是說不知道研究烹飪方法的原因。在這本書裏，便是怎樣研究烹調飲食物；怎樣調節飲食物的方法；以及人的需要飲食，飲食對於人身的營養有怎樣的功用；不可不細細的寫出來。在不曾說這種種以前，對於人

【2】

身上消化飲食物的工具，先得要說個明白，使人有所趨向。

A　生理的消化

飲食必消化，方得營養的眞諦。消化食物的工具，人身上共有兩種：一個是齒牙，一個是腸胃。前一種可說是消食物的器具；後一種可說是化食物的器具。現在再拿牠分開來細講在下面：

（一）齒牙的生理　齒牙也是我們飲食的利器，任何人都知曉有兩副牙齒：第一副有二十個；第二副有三十二個。第一副的第一個牙齒，在我們生後五六個月便生出；第二副的第一個牙齒，在六歲的時候方始生出。三十二個牙齒裏最後的四個，等到我們差不多長成時，纔在牙齦上會長出來。在這個時候，因爲我們有了智慧，故就稱爲智齒。每個頜骨裏和每個頜骨的各側，牙齒的數目，是一樣的。扁平的前齒叫做門牙；側齒叫做犬齒。因爲這個齒和犬的一般形狀，其餘的齒叫做臼齒。上下二頜骨各側最後一個臼齒就是智齒；但也有許多人，永遠不生長出智齒來的。這是甚麼緣故呢？因爲先天足與不足。和天資

【3】

敏與不敏的原因。

誰都知道人生的牙齒，因爲咀嚼用的；咀嚼的工作，是與消化有很大的關係。我們把食物送進嘴裏去，倘然不經過嚼碎而囫圇吞下肚去，便要鬧腸胃病；這病的結果，重則送命，輕則成病。這齒牙與維持生命上，既有極大的關係，那末我們須要好好的去保護這副牙齒，確是衞生上最重要的一件事體了。牙齒外面，原是有一層釉質遮着的，這釉質裏是沒有神筋，所以也沒有感覺的。釉質裏面的一種，叫做象牙質，牠不但質地比較鬆軟，而且裏面充滿了神經小枝，我們對於牙齒若不時常去清潔牠，那末牙齒上積着污穢，污穢裏又生出微生物來，微生物能排洩出酸質來，使牙齒的釉部，漸漸溶化，裏面的象牙質露了出來，微生物再去溶化這象牙質，使小神經受了腐爛的痛苦，便發生了劇烈的牙痛。牙痛雖在一點，但因爲神經互連的關係，更使全部頷骨，都感到疼痛。疼痛的日子一長久，那末牙齒便會全部毀壞；漸漸又從一粒病牙，往往要傳染到全部牙齒都毀壞了。卒至失去了牠咀嚼的功用。因此對於牙齒不講清潔，實在是一件有礙衞生的事。所以每日清晨和晚餐後，皆須刷洗潔淨，用三友實業社之牙粉，更加吐氣如蘭。

(二)口腔的生理　口腔，是包括從嘴唇到舌根的全部組織而說的；牠可以說是消化器的第一組機構口腔的最前一部，當然是唇頰部；生長在唇的左右上唇裏面的就是上頷下唇裏面的就是下頷。從唇的內部起，直到兩頷的內部，全是紅色的粘膜遮蓋着上下頷乃是用頷骨做着基礎，牙齒便生長在頷骨的中間一條槽裏，每一個齒的上半身，都露出在骨槽外面的，叫做齒冠；嵌在頷骨裏面下半身的齒根。外面有牙牀骨包住着齒根，這部位又叫做齒齦。齒冠上有琺瑯質遮蓋着；齒根上有白堊質遮蓋着。每一個齒的裏面，分佈着血管與神經；牠是從齒根上的小管子裏傳佈進去的。又接着上頷裏面，覆在舌上的一個穹窿形的骨，叫牠是腭；腭又可分爲兩部：在前部有骨的地方叫做硬腭；後部沒有骨的地方叫做軟腭。接着軟腭再進去，近咽喉口上面正中的一個小舌，在空中掛着的稱爲懸舌。懸舌的兩傍肌肉裏面有兩支小腺，叫做扁桃腺。下頷的裏面叫做腔底。舌頭就從這口腔底的後部生出根來。舌的下面肌肉裏面，分佈着兩條青色的腺，卽叫舌下腺。是在下頷骨的下面有一對腺體，叫做頷下腺。耳的下部前面也有一對腺，叫做耳下腺。這三對腺，都是不停的分泌唾液，去潤濕口腔，以及幫助消化。唾液拌和着食物送下胃裏去，那唾液的功用，能將食物中的小粉質化爲糖質，那便容易消化了。所以任何珍饈美味，總以容易消化爲滋補。

(三)食道　食道又叫食管，也稱胃管。進咽喉的裏面，便是食道範圍，咽喉四周的肌肉有收縮的作用；因此食物一進食道以後，肌肉便會起那收縮作用，把食物壓進食道去。食道全部長約三公寸，在氣管的後面向下直穿過，左右兩肺葉的中間和心臟的後面，又穿過橫膈膜和胃的上口相接連，食物經過咽喉而後，順着食道下去，直送進胃裏，再將營養的原料，運送到各部。

(四)胃　胃好像一個袋子橫在肚裏；安置在橫膈膜下面，上下有兩個口，上口便是接受食物的道路，叫做賁門；下面就是直通大小腸的幽門。胃的內壁全體有縐紋，食物進胃以後，在胃內暫存，這時胃的內壁上原有無數的腺口裏分泌出一種胃液來，這胃液混和在食物裏面，把食物中的蛋白質消化，連唾液所消化成的糖質，一同由胃壁吸收進去，此外的食物，便變成了糜粥樣子，從幽門口流出後，再流入了小腸。幽門口是由括約筋組織成的。在食物未曾溶化成糜粥的時候，那幽門必是緊閉着的，等到食物全部溶解以後，那幽門便會開放，把溶化送入小腸去，然後排洩而出。

（五）腸　腸可分爲幾種；有一種極長的軟管盤轉着，安放在肚子裏；那緊接着胃部的，較爲狹小，叫做小腸。那小腸的長度，佔腸的全部五分之四，牠直接着胃的一部分，長度等於十二個手指並列着一樣的，叫做十二指腸，像馬蹄鐵一般的彎曲着，所有肝臟胰臟的導管，都和十二指腸互相通接。接連着小腸的，便叫大腸；大腸的起點，便在腹的右下部，一頭是不通的，叫做盲腸；小腸的末端，是在盲腸傍開口處。盲腸的一端，有一條小空管，稱爲矧突；那盲端的下面，就是結腸，從肚子的右面再順着上去，橫過了胃的下面，再從肚子的左邊順着下去，到臀部相近，這一條就叫直腸。胃中的食物，在十二指腸裏面，和從肝臟胰臟中分泌出來的液汁混和着，又在腸壁裏面，同時也分泌出一種腸液來，彼此混和，把小粉化成糖質；把蛋白質化成消化，蛋白質又把脂肪化成爲乳狀的液體，一齊被腸壁上的絨毛，所吸收進去，其他不能消化的質料，便送進大腸去將水分吸乾，成爲糞質，由肛門排洩出去了。大概消化速率，食物中要算蛋白質，故其補養力亦足。

（六）肝臟　肝臟是一種腺體；在膈膜的下面，占據着腹腔的右面上部，共有左右兩葉，不停的分泌着一種黃綠的消化液，有苦味，又稱爲膽液，這種液體，完全儲藏在右面肝葉下面的膽囊裏面，有一支輸膽管接通到十二枝腸裏的，膽液便從這一支管裏流進到腸裏去，能使食物中的脂肪質化爲乳劑，更有防止食物腐爛的力量，能力最足，功用最大。

（七）胰臟　胰臟有一支輸液管，和輸膽管互相連通的，是生在十二指腸的彎裏面的，分泌着胰液，膽液和胰液混和着，流進腸子裏去。胰液是沒有顏色的；衹有鹼性，可把小粉質溶化爲糖質，更能將蛋白質溶化爲消化蛋白質，亦能將脂肪溶成乳劑，一切唾液，胃液，膽液，所不能消化的物質，胰液都能將牠消化個乾淨的。消化力很強，凡堅硬的食物，全憑此胰臟的發動力。

B 營養的原理

人之精力有限，假使日日耗費，其何能堪；我們每天工作所消費的精神和氣力，不致將精神氣力用完的原因，這完全是靠每天有食物，在那裏補充新資料的緣故。因為我們每天吃的食物裏面，都含有各種的營養原素：主要的原素，便是水，鹽，蛋白質，炭水化物，和脂肪等，這五種總名叫營養素。這種營養素在我們每天所進的食物裏面，都包含着。——惟成分有多少的不同罷了。——現在再將這五種營養素，分說在下面。(一)水　人的身體十分之八九，是水分造成功的，所以我們每天的食料裏也佔據了大部分，水的作用，不但可以營養身體，且有將人身體中的廢物，排除到身體以外去的功用，更有調節體溫的作用。例如牠利用蒸氣的狀態，將水分從肺部的呼吸裏及皮膚的毛孔裏送出去，把身體內的餘熱，都從水分裏散去。(二)鹽　鹽類，就是造成人體內骨質等的重要原素，人身中所需要的鹽，是從鉄鈣鎂鈉，以及和炭酸燐酸綠素等化合着所生成的；牠除製造骨質外，就是合成各種消化液的要素，人每日所食鹽的分量，倘然缺少，那骨力就要不強，消化力也不健全若是食鹽過多牠便將餘剩的鹽質從大便裏排出(三)蛋白質　蛋白質在人身營養的功用上，却是最大的滋養料。人身把一切內臟的質地，都是從蛋白質所化成。平日要健全內臟，也要不停的進富於蛋白質的食料。我們所吃的肉類鷄蛋乳汁等食料裏面，所含的蛋白質成分最是豐富的，在蔬菜中的大豆，含蛋白質的成分和肉類相等的。穀類蔬菜類裏面，所含的蛋白質成分，略少一點。(四)炭水化物　炭水化物，是由炭氫氧三種要素，化合成功的。含有這種要素的食物，便是葡萄糖，乳糖，蔗糖等，以及澱粉纖維素等。此外如穀類等植物性，那是食物裏面都有的。(五)脂肪　脂肪的本質，也是從炭氫氧三種要素造成的。在動物性食物裏面，比物植性食物裏面，更是含有多量的脂肪。脂肪在人身內的功用，牠除與蛋白質炭水化物，混合而造成人體的各種組織以外，更有保持特別體溫，以及指揮運動等功用。故我們每天的食料中，脂肪質是不能缺少的。——但也不能多吃，多吃了脂肪，使人身體肥胖，反不能運動。現在再把這種營養素的調劑方法，在下面分說明白。

(一)每日需要的營養素　甚麼叫做營養素，就是人類每天所需要的營養素是和我們每天所進的食物原有密切關係的；我們每天所必要的飲食資料中，最大成分是水；最少成分是鹽；這是大都知道的。此外蛋白質炭水化物及脂肪三種，每天也須有一定的標準；從食物中補充到身體裏去，大概是中等壯年人，每天操中等勞動的，每天的食料中，須給與有蛋白質一百十八公分，脂肪五十六公分，炭水化物五百公分最是適當；但須注意腸胃弱的人，不能多進脂肪食物。有糖尿病的人，不能多吃含有澱粉質的食物。

(二)植物性食物和動物性食物的區別　植物性食物，便是穀類，根類，蔬菜類，果實類等，動物性食物，就是肉類，魚介等，蛋和乳類等。爲一切食料的主體。這兩種食物裏，都含有上面所說的五種營養原素，不過成分多少，各不相同。譬如植物性食物裏面；却多含有炭水化物，而少含有脂肪及蛋白二質。動物性食物裏面，本多含有脂肪與蛋白質少含有炭水化物。又動物性食物中的蛋白質，比較到植物性食物中的蛋白質，容易消化；而植物性的脂肪質，及比動物性的脂肪質也容易消化。最好我們每天進食，須將動植物兩性的食物，一齊混合着吃，方能得到調劑營養的功用。

(三)須注意食物中有病毒的附帶　有一種目力不及的病毒，附帶在食物中，常言道，「病從口入」，我們人身中一切病毒，大都是從食物中附帶着進來的。食物粗惡或是堅硬，不容易消化的，雖不致有毒但也容易成病。最要注意的。一切腸胃病都因吃了不容易消化的食物而生的。或是吃了質地已起腐爛變化的食物，腐爛的細菌跟着到腸胃裏去，連帶腸胃也腐爛起來。有一種食物，牠的質地，並沒有變壞；可是食物裏面，却含有毒質，毒質在裏面的，像毒菌河豚魚等。毒質是外面附生着的，像小麥的麥角等。我們須格外注意的，就是傳染病毒及寄生虫兩種，這兩種：大概是由動物性食物中附帶而來的，進食動物性食物時，大家應該注意的。否則，就會發生病毒的。

二　飲食的常識

A　飲食和人生命的關係

食物二字，聽去好像很容易明白，普通人以爲三餐六頓肚皮吃飽，還有什麼問題？却

【12】

不知問題却是極大的；因為甚麼緣故，要拿食物為維持生命的基礎呢。因為食物不良，身體就不健康；身體不健康，做事便沒有興趣，對於各種的事業，便沒有創造的精神，和堅強的意志，成為一個沒有用處的米蛀蟲。這種米蛀蟲，小一點說，要害家族害子孫；大一點說，連累社會國家和全人類，白白地食物材料耗費了，却一點也得不到他生產的效果。人生一天不死，便須活動一天；那所以能夠活動的原因，全靠人身體內，全部機關的活潑靈動，把每天的食物吸收進去，有用的材料，去補助各種社會組織；把沒有用的排成屎汗，糞穢，和肺部裏呼出來的炭氣，造成一個健康的人體。故要有活潑而健康的身體，第一要吃那多滋養料的食物。

這裏我要特別聲明的，就是世界上很多美味的食物，但不是一定有滋養的；那些滋味平淡，或者價錢很賤的東西，倒或許有很多的滋養料的。總而言之，我們千萬不要拿傳統頭腦去揀選食物材料；須用科學方法去分析食物材料，家庭內的主婦，及公共食堂的管理員，對於食物的常識，是很為重要的。

（一）全體的成分　人的身體，究竟拿什麼原質構造起來的？那組織人體的成分就是水，蛋白質，脂肪，炭水化物，——又稱含水炭素——和鑛物，等五種現在我將這五種物質的作用，詳細的說明在下面：

水　水是包含水素——又稱輕氣——酸素——又稱養素——等兩種質素造成功的，在人身體內，佔據最多的分量，十分之七八，都是水分。譬如血液和各種腺分泌液，和預備排洩的尿汗液等，都含有多量的水分。你若問牠有多大用處，牠能夠分化食物變成液體，把液體輸送到人體各部組織內去，做消耗的作用；更會把各部內用過的渣滓，變成液體如尿，汗，等排洩到身體外面來，牠在人的身體內，終日奔波忙碌，牠的工作是又辛苦又重要。

蛋白質　蛋白質是包含着窒素——又稱淡氣——水素，酸素，炭素，和硫素，五種質素造成的。在人體各部組織裏，雖比不上水分的多，然他的重要性，却要占內部組織的第二把交椅。牠時常去補充人體內部機關的消耗作用，牠的酸化性，又會幫助內部生長體力和體溫。倘若有一位病人的身體，沒有復原時候，和女人正在十月懷胎的時期中，我們千萬要把蛋白質多多的供給他們；因為蛋白質是她們的生命中的救兵。脂肪　脂肪是水素酸素炭素三種質素，混合而成的。牠的性質很刁滑；牠專喜歡躲在胖子身上，那骨瘦似柴的人，無論如何歡迎牠，牠是不肯光顧的。牠又喜歡親近女子，而嫌惡男子；牠在人體的總重量中，約占十分之二，少的只有十分之一。牠的能力與蛋白質差不多，牠能把自己的酸化作用，去增長人身的體溫及活動力。　炭水化物素是水素酸素炭素三種質素的混合質素。牠的種類很多，普通留在人體內的有葡萄糖，和肝澱粉，有乳的人，乳汁裏邊帶點乳糖。炭水化物在人體中，可算是一位落伍的朋友；因爲炭水化物一跑進人體內部，意志很不堅強，牠一部去投降了脂肪，一部分又投降了酸化作用，去做幫助增長體溫和體力的工作。你說要在人體內，找出純粹的炭水化物，那是找不到這位老兄的。　鑛物質　鑛物質是說人體內部，經過燃燒作用後；各種質素遺留下來的渣滓。——又稱灰分——這灰分裏面，雖說各種鑛質都有；但是少得不得了。骨骼中比較得多一點，大概有百分之二十二。那些鑛質的種類，大概是：鈣，鎂，鉀，鈉，鐵，燐酸鹽素等：牠們好比是打牆頭砌牆脚一樣，人的內部組織，也全靠牠們做基礎；人的活動力量，也全仗他們在那裏做後援。人生從孩子及到成人，內部機關所以能夠長大；也全仗牠們幫助成功的。

以上五種質素，各具各的本領；在人體各部組織及全體的構造上，各負各的責任；缺一便不可；多一也無用。從此，我們就可以明白人生全部所必要的是這些材料，天天在那裏活動，和消耗的也是這種材料；我們必要市場上去找尋這些材料來補充，每個人每天的活動消耗，那就能得到一個健康而活潑的身體，也就可以創出偉大的事業。

(二)食物的成分　人體是用什麼成分造成功的，上面已經說過了。既然知道了人體構造的成分，我們便必須研究，怎樣去補充人體內天天消耗去的材料，這種成分在那幾種食物裏最多？因此我們不能不去研究食物的性質與成分了。我上面不是已經說過嗎？人身全部水分，要佔據十之七八，讓我們先來想想，什麼食物裏是水分最多？　水　在各種食品裏，如蔬菜裏，菓子和魚類及獸類的肉裏，米麥裏；這些都含有多量水分的，人們在食物的時候。喜歡喝湯；閒空的時候，又喜歡喝茶；這樣看來，祇要這幾樣食物與飲料不缺乏時供給人體內部的水分，是儘夠不用特別去研究牠了。這就是事實。

蛋白質 也是人體構造成功的第二元素。普通像鳥獸的肉裏，魚和各種貝殼類的食物裏。人乳和牛乳裏，都富有蛋白質的。各種蛋裏面，不用說是蛋白質更多了。其他像豆類，和肥嫩的野菜裏，也是很多的，不過肉類的蛋白質比菜類的蛋白質來得更多，而吃了又有效力；菜類的蛋白質比較的稀薄，而效力輕；但是你要說植物完全缺乏蛋白質，那決定沒有這個話的。

脂肪 普通食品富於脂肪的，像鳥獸魚三種動物的肉，和乳汁，鳥卵，大豆，胡麻，胡桃、落花生，可可等，都是富有脂肪的食品，若這幾種脂肪還不夠，還可以拿猪油，牛油，素的如麻油，菜油，等油來添補。因爲脂肪，也是人體構造中的主要因素，所以平常食用，也不可一天缺乏的。

炭水化物 這類質素的供給，不得不請教植物裏富有澱粉質的東西了。富於澱粉質的東西，如葡萄糖，蔗糖等：又像米，麥，豆，甘藷，菜根，馬鈴薯，芋艿等，牠們都是含着大量的澱粉質的。

纖維素 植物中的纖維素，時常和炭水化物雜在一塊的，人體內部，有時亦有用得着纖維素的；不過纖維素太多，反而妨礙了消化器。老的菜類裏，纖維素比較的多；嫩的菜類，比較的少；因此我們買食物和整理食物的時候，要注意不可把纖維素帶得太多，然而也不可沒有纖維素。太多了要妨礙消化器；太缺乏了，排洩起來頗覺困難。

鑛物質　食物中還有一種鑛物質素，眼睛所瞧不見的。每種植物裏面，都包含少許，祇要常吃蔬菜，這種質素在人體內不會缺乏，也不必用特別選擇和注意。不過鹽裏鑛物比較的多；所以一個人，在身體發長的時期裏，特別愛吃鹽味，因爲要補助身體各部組織發長的原故，也因爲需要鑛物質特別多的緣故。這也是天然的動機。

以上六種質素，來供給身體上極重要的，要算蛋白質，脂肪，炭水化物，三種。這三者在人體內，都有分化作用，和酸化性；結果是增長體力，幫助體溫。而其最重要性，還要算炭水化物，生體溫和體力之外，多出來的，更化爲脂肪，儲蓄在身體裏面，遇到炭水化物缺乏之時，便用脂肪來代替。蛋白質也有像炭水化物相同的功用；也常常分化了幫助體溫和體力的增長；在炭水化物和脂肪充滿的時候，牠不生問題；遇到炭水化物和脂肪不足的人，那末就要加重蛋白質了，牠在身體內不得不加倍工作，做牠的分化作用，獨自一個，要行使三個人的職權，既辛苦又缺乏，到了結果弄得人面黃飢瘦，柔弱不堪。照這樣說來，我們知道蛋白質對於人類的重要，應當設法，在每天的食物中，不能不供給一些纔好，因為別人缺乏了，牠會代替工作；牠自身缺乏了，別人却不能代替牠的職司；人身到缺乏蛋白質的時候，豈不糟糕了嗎？現在我來把一個營養標準的表式，列在左面：

營養標準		蛋白質物	脂肪	炭水化物
中等勞	男	一〇〇・克	二〇・克	四八〇・克
動者	女	七七・	一六・	三八四・
劇動者	男	一二三・	三三・	五〇〇・
安逸者	男	八五・	二〇・	三八五・

右面的營養表，是一位日本帝國大學名教師愷略男先生，就日本人的體格推定，這三樣主要成分的營養規則；但也不是死板不動的，要看天氣的寒暖而時常變換的。譬如脂肪是增加體力與體溫的，冬天應多吃，夏天應少吃。在地理上講，寒帶的人應多吃，熱帶

的人應少吃，多吃是不宜的。

(三)消化及吸收　人身構造的原素，我們已經知道了。食物的如何供給人身的需要，我們也已經知道了。現在我們再將吸收和消化的原理，說個明白。究竟怎樣的消化和吸收？普通的食物，那營養分大概在上面也說過了，食物吃進肚子裏去，靠着消化機的作用，和天然的各種消化液起了分化作用，慢慢的把食物消化了，通過胃腸裏邊所分佈的血管，運行到淋巴管的膜層裏去，被膜層吸收了，便去營養全身。起初，我們把食物放進口裏，先用牙齒咀嚼；咀嚼碎了，自然而然口中會分泌一種亞爾加厘性的鹼性分泌液，把食物軟化吞下，食物中的澱粉，受了亞爾加里腺液的軟化和糖化作用，然後很順利的通進食道，進到胃裏去。講到胃，牠是三層筋質所造成的，有伸縮力，牠一經容納了食物以後，便從左到右，慢慢地磨動磨動不息。一面磨動，一面還把分泌出來透明的酸性胃液，來溶化食物中的蛋白質；變為另一種液汁。——這種液汁叫做拍布登。——又用胃裏的閒蕩着的鹽酸點子，牠們會來溶化食物裏的燐酸，和石灰等的鑛物質，於是把胃裏一切的食物，消化得變了灰色的稀粥，這稀粥裏包含着糖分和拍布登，慢慢地通過了腸粘膜，滲進了血管和淋巴管去營養全身。又脂肪在胃裏很不容易消化的，但一到腸裏，却很容易消化了，各種食物由吃下後，進到腸裏大約要一點鐘和兩點鐘的工夫，就蠕蠕而動，分配運送到各部去了。

現在再把腸的工作來講一講，腸自從接受了食物以後，像蛇一般的不停蠕動着，把食物慢慢地推進十二指腸去，這裏牠們在旅行的程途中，牠們得到一種膽的分泌液，那是一種黃的半透明色，而且帶有亞爾加里性的液汁的，這液汁能夠溶解脂肪，變成乳狀，更能使牠滲進腸的內膜，在內膜時受到一種黃色透明的液汁名叫膵液，也帶着亞爾加里性的。膵液的功用，又能夠補助唾液所不能溶化的澱粉，替牠溶化了，再把蛋白質溶化成拍布登汁，復把脂肪解成細粉點，使得各處血管裏容易吸收着此項養料。

到了這個時候，消化工作已經漸漸完備，食物中的精華，到處也已被溶化着，被吸收着，牠們旅行的程途，到了腸的下部，雖有亞爾加里性的腸液在幫助分化，但食物中的水分，終被各處的吸收作用而吸乾，剩下來的渣滓既沒精華，更缺乏那水分，結果成爲乾燥的糞穢，排洩到身體外面來。這各種人體的構成和消化運動，我們可劃造一個表列在下面，一看便能很明瞭的了。

要項
- 食物的必要……幫助人體內部的機構造成功，補充各部消耗，及活動作用。
- 人體的成分……水，蛋白質，脂肪，炭水化物，鑛物質，
- 食物的成分……水，蛋白質，脂肪，炭水化物，鑛物質，纖維素。
- 食物的消化……分化的作用，及內部機械作用。
- 食物的消化液……唾液，胃液，膽液，膵液，腸液。

B　關於飲食方面的幾個條件

人一日不食則飢，十日不食則死，飲食於人生，好像機器的加油和加燃料一樣；不過機器是死的，人是活的，因各人有各人的嗜好，不能像機器一樣容易打發。但我們要明白憑你怎樣的嗜好，總要不違反衞生條件和生理作用爲第一要義。飲食關係於人生的效

力，除生長肌肉精血而外，并能生長體温和活動人生的骨肉血液，時常會生出新的，廢去舊的，若舊的血液，時常停留體中，就會發生毒性，那便要害病了。人的所以能夠健康，全仗有新鮮的血，在身體內各部循環流行不息，吸取精華，淘汰廢物，將廢物在各種排除器管裏排洩到身體以外；一方面又從飲食裏吸取滋養料來補充消耗。體熱的來源，也從食物中的酸炭素，再得着人從口鼻中吸進去的酸素化合，便成炭酸氣，從這炭酸氣化成熱度，使食物容易消化，身體可以發育，現在把平常食品中的成分，且舉出幾樣來講一講。

（一）水　人體中含有大部的水分；這可以知道水對於人生需要，有怎樣的密切。人可以多日不得食物，却不能一日缺水；在絕食的人，如果不斷水的供給，竟可以把他的生命延長到月餘功夫。假使祇有乾糧沒有水，一樣要失去生命的。因爲食物的化分廢料的排洩，全仗水在那裏運轉滋養的；一失去了水，那末各處的機能便完全停止了。

（二）鹽　鹽是最複雜的鑛質化合成功的；裏面包含有石灰，鉀，鈉，鎂，鐵，磷酸，硫酸，鹽酸，炭酸，諸鑛物；尤其是石灰鹽，爲製造骨骼的主要成分。鐵，是血液構造的主要成分。磷，是腦的主要成分。此外各種礦質，大概都是對於身體有益的。

（三）脂肪　脂肪在各種食物中，要算不容易消化的東西了，胃的力量不能消化牠，是要用膽汁，膵汁，腸汁，去溶合變化牠，使牠流入血管。脂肪的功用能增加體溫保護氣神經；惟不可多吃，多吃了這過剩的脂肪，就留在皮層下面，使身體肥胖起來，還更容易成腸癰病。是不可不愼的。

（四）蛋白質　最滋補的蛋白質。因爲牠的形式和蛋白相同的，所以稱爲蛋白質。牠是構造人生的主要成分，在一切蛋類裏含的蛋白質要算最多。此外肉類及乳汁中，也很豐富的。植物中，却比較得少。牠對於人生的營養上本具有很大的力量；假是身體衰弱，精神缺乏的人，多吃蛋白汁的食物，就可以恢復健康的。

（五）糖　麥，甘蔗，蘿蔔等，都是製糖的原料。人的食物中，又一天不可缺少糖質的；且需要得很多。自然牠能幫助胃的消化，并有增加體熱的功用，而且味亦很美。

（六）含水炭酸　含水炭酸，是水素，酸素，炭素，三種質素混合造成的。在植物中極豐富。尤其是米竟含有五分之四的含水炭酸。此外像澱粉，葛粉，砂糖，飴麥乳糖等食物中都是很多。這是製造人身的主要食物，一日不可缺少。

我們一看了上面的話，即可以知道人的所以要飲食，爲的是人體中的需要；但這需要是有一定限制，和一定成分的，切不可隨意亂吃，也不可吃得太混雜。中國人請客。一席酒菜，往往可以供給一個人一個月的耗費。在西洋人每客菜，連湯連水菓不過六件。至於日本人的飲食，更是淡薄得很，一來可以節省金錢，二來也免得多吃了妨害腸胃，最宜愼重。

食物烹調最應注意的，有下列四點：一，要清潔；二，要容易消化；三，要新鮮；四，要味美。每日到菜場中買菜，務須新鮮的，可保安全，且不失味，又大凡有病的猪羊牛肉，及雞鴨等物，切不可吃。每日三餐，着重在午餐。夜餐便該少吃爲妙。西洋人晚餐在中等人家，總是熱茶一壺，麵包幾片罷了。

食時，要將食物細細咀嚼。西洋人在食時，多歡喜談笑；平均每餐，必要費去三十分鐘的時間。前餐和後餐距離的時間，最少須在六小時以上。因為食物進入胃部後，最快亦須經過四小時胃部的消化工作，方可完畢，完畢已後，也須有相當的休息時間。故在夜深時，不應進濃厚的食物，因那時消化力已弱了。

C　飲食的注意點……共有下列數種

人生和食物重要的關係，以上已經很明顯的說過了；總之，食物的價值，是在能夠補助人身；不是在物質貴賤論的，也不是單指美味而論的。既然食物專為營養人身，倘單有了營養物品，但你飲食的方法和時間的配置，若得不適合時，對於人身，還是沒有益處的。非但沒有益處，反而有許多的害處。現在我把飲食應該注意的幾種寫在下面：（一）多咀嚼，切勿囫圇吞之，以礙消化，（二）飯前不可多喝茶湯；（三）飲食應當規定一個標準時間；（四）不可多吃雜食；（五）精神和身體過度疲勞時候，不可吃食物；（六）進食之後，不可馬上用腦用力；（七）過度的冷和寒的東西切不可吃；（八）酯濃酒類和刺激物不可吃。此外食品的配置，也很值得我們注意，因營養價值的不同，故有研究之必要。我現在詳細寫在下面：

（一）食品應注重配置　配置方法，是食物須揀選在營養上有價值的食物爲宜，因爲每個人的身體憑著食物的有沒有滋養，方能表現出身體的健康與不健康；所以選配食物，確是一件很重要的工作，我們要知道十分美味的東西，氣味十分香的東西，却並不是一定有滋養的；食品要富於蛋白質脂肪炭水化物的東西性質雖好，却不要一定有美味和香的。　注意消化　揀選食物，不要一定就要揀營養分的充足，却不顧到胃的消化力怎樣；有時雖然營養分極充足的食品，倘不容易消化，或者烹飪的方法不對，使食物變了性，那時你把這食物吃下肚去，不但無益反而要妨害消化的不良。有時候分明是一個消化力很強的人，却故意多吃甜爛物品，雖然容易消化，不過日子長久了，胃力退化，也會生病。總之，作事須要謹慎，還不可做了過分。因人生精力有限，而每日所吸收滋料又有限。

食品的配合　你要配合食品，最少須先要知道人體構造的成分和普通動植物裏所含物質成分；兩者明瞭以後，就可以配置食物，毫不費力。譬如我們每餐進食，最不可缺少的是蛋白質，脂肪，含水炭素，糖，鹽，等；更要知道平均每個人每天身體內所耗去的成分是多少？我們應當拿多少滋養料去補充；不可太多，也不可太少，以適當爲度。 食物宜適於嗜好 嗜好，祇要不是違反生理原則的，便不是不良嗜好。每個人都有一定嗜好，你若故意去違反了他的嗜好，配置食品無論你如何配得有滋養；但是胃口不對，吃了下去，胃的消化力不勇躍，那是要成胃病的。掉過來說，只要不違反生理原則的嗜好，你依了他的嗜好，配置食物，人們一見了自己心愛的東西，胃裏已先在分泌那亞爾加里性的胃液，口中也分泌亞爾加里性的唾液，在那裏等那食物的光臨，倘能再加上環境的安適，妻子的和睦，兒女的美麗，親朋的得意，擠擠一堂，在談笑快樂之中，把心愛的食物，慢慢的吃下去，那時口液胃液互相幫助，得到很順利的消化，生理上也可得到了加倍的營養。故食物不宜山珍山錯，投以嗜好便佳。 食物應變化 病人容易惡厭食物，好人何嘗不是那樣；憑你怎樣的山珍海錯，今日吃，明日吃，吃到後來，變成仇敵。所以會得調理食物的人，天天要變花樣的，且同樣一種菜，會得烹煮的，能夠著手成春，花樣翻新，使人不覺討厭而反添風味，調理食物者，到此地位，纔算出神入化。使人百吃而不厭。

考察風俗習慣 吃食物也有風俗和習慣的自然。據中國而論，北方多山，山居的人多吃肉，少吃魚；南方多水，水邊的人多愛魚蝦，少吃肉類油膩；烹調食物的人，不可因自己的習慣和嗜好，勉強要別人和自己來一樣，非但辦不到，即使辦到，對於別人的健康却有害了，這也是一種不道德的行爲。因爲食物不對口胃，消化力便不強；消化力一經退縮，久而久之，不是害胃病，就是身體弄得很軟弱。若因爲物質上的不便利，或者驟然遷移地方，要改換人們的食性時，祇可慢慢的移轉。又須烹調得法，使吃的人雖改換食品，而不覺得，久而久之，習慣會成自然，既不傷羣衆的情感，又在料理物質上可得方便。

注意經濟 任何人都是愛吃美味食物，雖然要美味，要有滋養料充足最妙；但是也要顧到經濟方面。料理食物，應當養成儉樸的習慣，不可專貪口腹，祇要有相當的滋養和新鮮清潔，却又不可貪多，僅僅足夠補充各人的生活力，也就好了，多吃食物，等於浪費金錢；多用金錢，便是多買罪惡；食物多吃，也是多害腸胃；那又何苦呢，這種人或飢或飽，最不合衛生。

(二)食物的鑑別法　食物有新鮮和腐爛的分別，雖然要顧到經濟；但也不可貪小不要自爲價値便宜，買不新鮮的東西，或儲藏在不清潔的地方的東西。這是第一要注意的。食物太粗，固然纖維質太重，對於身體無補；但太精細了，也是不容易消化，和排洩困難，這是物質精粗上，應當鑑別清楚的；同是一樣物質的東西，這樣價賤而容易得到；那樣價貴而時常缺乏，而兩樣所含的滋養，是一般的，那我何必多化金錢，又惹麻煩，不過味兒不同罷了，這是對於物價上應當鑑別清楚的；新鮮的動植物容易消化；不新鮮的植物儘儘乎煑不爛，不容易消化，可是不新鮮的動物，那蛋白質溶解的時候，尤其是有毒，吃食物本來要得滋養；吃不好的肉類，等於吃砒霜，這在物質未買以前，須得要鑑別清楚的。我們能活了多大年紀，當然不能樣樣都能有相當的經驗，要不外步步去留心，時時在意，現在憑我個人的經驗，有幾種普通食物容易鑑別的，寫在下面：(獸肉)人喜吃新鮮肉類，但亦須揀選方好。普通肉類，水分充足，脂肪光滑，肉色分明，有彈性，並無腥氣，這便是最新鮮的好肉；不然水分乾燥，脂肪凝結；肉色紅白不自然，而精肉發黑，聞之略帶腥味，這便是隔夜肉，雖在冬天生長微菌似乎不容易但是究竟不吃爲妙。(鳥類)除雞鴨鴿子以外別種鳥類，活的多不容易得；但是新從野外打來的也看得出的，倘眼珠光潤，毛羽齊全，眼中沒有眼水流出，嘴的顏色很自然，肛門裏沒有汁液流出來，全身沒有腥味的，那是最好。(魚)要他眼珠光亮突出，鰓兒鮮紅，鱗片不易脫落，全身有光彩，有腥味而沒有臭味，這魚是新鮮的。湖魚可以活捉；海魚都是捉着就死的；好不好全要我們自己去鑑別的。(菓菜類)看蔬菜和菓子，當然更容易了。蔬菜祇要葉子不枯不黃，菜葉不老，就是好菜；但也不可揀那過於硬朗，綠色過於青翠的菜，那是賣菜的人瀲水過的，買回家來千煮萬煮不肯爛的了。菓子止要看沒有斑點，沒有爛點，就是了。因爲有許多斑點，大都因爲裏面有虫窠，被虫窠的酸化作用腐蝕了，外面纔生斑點的；半個爛的果子，你看看那一半還只好好的，但是微生虫的，却是很會搬場的，那半個好果子上，也許有他們的家族住著，憑我們的肉眼是瞧不見的，所可最好不要貪便宜，與其買半爛的，不如買小一點新鮮的，吃了可以放心了。再生果子和不熟的菜類，兩樣都妨害身體，吃不得的。(菌類)菌類最鮮不過，吃菌類是有點冒險的。幷且據醫生說，牠的味兒雖云很是鮮美，滋養素是談不到的。沒有名及不常見的菌類，甯可不去請教；萬不得已要用，應該到南貨鋪去買，那是靠得住的。因爲那些冬菇，蔴菇，香菌，草蔴菇，生產有一定的方法，和地點，牠的來源，有很悠久的歷史，物性又普通，用的人又多，要煮好吃的素菜，可以去買點來吃吃。若嗜好此項含有毒質的食物，那要妨害衛生的。

上面說的是食物的原料，現在又要說到烹調食物的水了。　水　水有軟水硬水的分別。俗稱硬水爲鹽水，軟水是淡水。硬水煮食物不好吃，軟水煮食物好吃。名爲軟水，却是軟水裏面有鹼性，煮物容易爛，洗衣服也容易乾淨；不過裏面往往含有有機物，吃了有沒有妨礙，又是一個問題。不得不加以研究。(雨水)你們且想，天雨水再好沒有了！不知道雨水也有分解性，牠從天上降到地上，經過多少路程，中間遇着了多少異性朋友，在半空裏遊蕩着的微生物和灰塵，還有空氣中的不良氣體，牠們都把清潔的雨水弄糟了，等得降落地面，牠已經是一種各種性質都有的混合物了，要不經過淘濾的工作，馬上拿牠作飲料，那是很有害的。倒是那江湖裏的水，經過一次大雨後，把水面上的骯髒衝去，把湖裏的污質也流了去，這時的水，方可作飲料，可以洗物件，假使有水缸，可以儲藏一點，到天旱時候，方可以做喝茶用。你要試驗水的清潔不清潔，祇須把水舀在玻璃瓶裏，搖起來看看，水裏有什麽？水色混不渾？要是仍就鮮明清爽，這是好水。若是渾濁的，便要濾過不可。這也是最重要。

不大信任的水，只要煑開過五分或十分鐘，也免強可以用了。最妥當用砂濾法濾過，那是最好。現在我把砂濾的方法，寫在下面，以備參攷：

這濾過的方法是用缸一只或圓木桶一只，放在稍爲高一點的地方，在桶的下部近底處，開一小洞，洞口嵌一段竹管，預備流出濾過的水。管子的外端，用清潔麻布紮縛，要水經麻布袋而流出，格外清潔的意思。桶裏近底第一層，用大小一寸多大的石子，鋪二三層，這是第一重；再鋪小石子和細砂約二三寸，這是第二重；再用骨炭或者木炭鋪約五寸多厚，這是第三重；最上層纔鋪純粹的細砂，約五寸多厚，這樣裝置而後，把水裝入去，經過四重的濾過，再流進竹管，復由麻布袋流到外面，另一盛水的器具中，這樣纔可算最清潔水。

現在我們要注意的，就是濾過的砂石炭屑等，也須時常要拿出來洗滌，洗過以後，要在太陽裏曬乾，纔可妥當。桶和缸也要時常洗淨，以備下次可用。所用的砂，有濱砂和川砂二種，兩種都可以隨便用的。

四種濾水物當中，要算骨炭極不容易做；但是容易保存，不容易破碎；木炭就容易破碎了。以上各種，都是料理食物的應有知識，不可缺少。現在我要把處理食物應注意的幾點，列表在下面：

要項
- 飲食的注意……細心咀嚼，時間須準確，不吃雜食，食後又不可過勞，食品的冷熱要調勻，忌吃刺激物。
- 食品的配置……要揀有營養容易消化，滋養性齊全，順人嗜好，要經濟，要順他的習慣。
- 食品的鑑別……鳥獸魚肉；野菜，菜根，果蔬類，菌類，都要新鮮。
- 飲料水……水類有自來水，硬水，軟水，雨水的分別。
- 濾過法……裝置法，及濾過以後的器具消毒法。

(三)幫助的消化法　消化也有幫助的必需，故凡餐後四肢疲倦：因為在進食的時候，血液都集合在胃部四肢及腦部的血液，自然稀少，所以餐後的三十分鐘，是例應休息的時間。使身體安靜舒適，不可用心，尤不可用力和洗澡跑步等，都是不可以做的事體。因為進的食物，在胃部未曾有相當時間，若運動則胃發緊張，恐有崩裂之虞，最宜慎重。

食物的種類，大概可以分植物性，和動物性的兩種。含滋養成分豐富的，便容易消化；滋養成分淡薄的，便不容易消化。現在把主要食物分說在下面：(一)乳類。一切動物的乳。牠的成分是水和含水素酸，鹽，脂肪，蛋白質等；對於人生極有滋補的力量。(二)卵。各種蛋類，都是富於蛋白質的；蛋黃，又豐富於脂肪的。每雞蛋一枚，可以抵四十格蘭姆的獸肉，又可以抵一百五十格蘭姆的牛乳。煮雞蛋，最好是煮至半熟。(三)肉。一切鳥獸魚類的肉，不但味美，且含有水，脂肪，蛋白質，鹽質等，都是十分豐富，最是養身。但牛羊豬鹿等大動物殺死以後，必須經過五小時以上，纔可烹煮，不然騷腥氣味很重。煮肉要爛，不可把半生不熟的肉吃下肚去。往往肉內，含有病虫與病菌兩種妨礙衛生的東西。菌，倘不煮熟，就

【35】

可以妨礙生命。在夏天，即當少吃肉類。(四)海味。是海中食物的總稱。內又可分魚類，貝殼類，及海菜類等。貝殼類如海螺，牡蠣；更有軟體動物如海參。魚類中是魚翅等；尤其是貝殼類中含的蛋白質最多，祇是不容易消化，務須煮爛。方可有益於營養。（五）穀類。最重要的穀類米麥粟黍燕麥等，牠的成分如水，鹽，脂肪，蛋白質含水素酸等，外還有木材料。小麥中蛋白質最多，米是最容易消化的；但澱粉太多，須把富於蛋白質的肉類同吃。不致妨害胃腸。（六）豆類。豆的種類，分爲大豆，小豆，蠶豆，豌豆等。豆中含蛋白質最多，滋養的功效最大；但須剝去豆殼，或磨成豆腐，那效力更大，資料更好。（七）蔬菜。菜類中最缺少蛋白質的，但含水炭素與鹽的成分爲最多。有清潔血液的功用。（八）果實。水分最多，更富於鹽分及含水炭酸等；可以增加食慾，幫助消化。最好剝去外皮煮熟進食，最合營養。（九）菌類。菌類味最鮮美，中含有蛋白質。但是不容易消化，又多含有毒質。若有白色的液流出，或色彩很美，氣味惡劣，及觸及銀質變色的，都是有毒的證據。不可輕易多食。（十）酒和香料。酒有米酒，麥酒，燒酒，火酒等。米酒性最淡，火酒燒酒性最烈；飲米麥酒少許，可以增加體熱，活動血流，及興奮神經，驅除疾病。又在魚肉中加入數滴，可以解除腥氣。倘多飲了，反使胃停滯，神經遲鈍，血管漲裂，香料，是指胡椒香菜，薑；芥等物牠的利害，與酒相同，只宜少用。(十一)茶和咖啡。茶中含有茶素，咖啡中含有咖啡素。少飲一點，可以幫助消化恢復精神；多飲了，使神經刺激過度，那便不能安眠，反覺失了本來舒暢。

三　烹調法的要綱

A　烹調的常識

凡烹調也有一定的秘訣：這秘訣就是下面的五個字，一曰色；二曰香；三曰味；四曰質；五曰量。量，是說對於水分以及味料的配置，須有適當的數量；質是說一切食物的質地，須選新鮮而優良的；至於色，香，味，三個條件，色是引誘人增進食欲的方法，我們見了有美色美香，以及嘗到有美味的食物時，便有增多唾液流出的功效，多了流唾液，也是幫助消化的方法。因為人的唾液，是有消化食物作用的；多流唾液拌和在食物裏，一同送下胃去，那食物當然容易消化了，因爲這個緣故，我們在烹調時候除了注意到質量兩個條件以外，這色，香，味三個條件也極重要的，故亦在硏究之必要——色，於食物的新鮮不新鮮很有關係的；香，於火候的到不到也很有關係的。

此外，在烹調時，對於食物的清潔，也須注意到的。烹調的人，不可披散頭髮，必須戴帽，或用布巾等物包住頭，指甲也要剪剔乾淨，用一幅白色布裙圍住在胸前，廚房中一切用具，更須洗滌清潔和消毒。對於食物的洗滌，更須十分細心，不可使蟲蟻，塵土，毛髮，飯粒，絲屑，木葉，炭灰，等混入在食物裏面，最爲重要。

烹調食物，大多數須用弱火，慢慢的煑熟：火勢太急，不但食物容易焦枯，且也不易煑爛，而滋味亦必不佳。但對於煑蛋白質豐富的食物，却須投入沸水中，先使牠的外部燒熟，不致將蛋白質流出。尤其是魚類在下鍋時，亦不宜用弱火，應用強火，但煎過後，仍須用弱火，慢慢地燒熟。

切開食物時，不但要使牠的形式整齊好看，更還要向食物纖維的橫截面切去，使纖維切斷，進食時容易咀嚼。

烹調的得法與否，牠的關鍵全在加味時的注意；調味的材料，爲鹽，醋，醬油，豆醬，砂糖，酒，脂油，香蕈，及豆豉，生薑，芥末等，此外更有關於香味的材料，如葱，蒜，茴香，等，一切調味的材料，除調味的一點功用而外，牠自身也有滋養的功用在內。然沒有以上的調味的材料，牠自身雖有滋養功用，也就淡而無味了。

（附）食物成分表式

（1）乳汁的成分表式

種類	水分	蛋白質	脂肪	炭水化物	灰分
人乳	八七·七四	一·三六	二·九七	七·六一	〇·一六
牛乳	八六·三五	三·六〇	四·五六	四·七二	〇·七二
羊乳	八三·二二	六·九八	五·一三	三·九四	〇·七一
馬乳	九一·三五	一·九五	〇·八〇	五·五〇	〇·四〇

【39】

（2）穀類的成分表

類別	水分	蛋白質	脂肪	澱粉	糖類	纖維	灰分
中國米	一二·五六	七·七八	○·五三	七六·四五	二·三五	○·四七	○·七八
外國米	一三·○二	五·○七	一·二一	七二·五二	三·五二	三·一三	一·五三
陸稻米	一二·七八	九·八○	二·三四	六七·三○	五·一四	一·四○	一·一○
糯米	一二·四一	四·三○	一·三○	七二·八六	四·七三	二·七九	一·六一
小麥	一二·三七	九·五○	一·五六	七四·六二			一·九三
大麥	一四·○四	一○·○八	二·三一	六四·四六		六·六五	二·四六
蕎麥	一三·○○	一五·二○	三·四○	六三·六○		二·一○	二·三○
黍	一三·三五	九·五六	三·五八	六五·七七		四·五三	三·一三
玉蜀黍	一四·五○	九·○○	五·○○	六四·五○		五·○○	二·○○
粟	一三·○五	一三·○四	三·○二	五○·四二		一○·四一	三·○五

稗	一三・〇〇	二・七八	三・〇三	五三・〇九	一四・七五	四・三五

（3）豆類的成分表

種類	水分	蛋白質	脂肪	澱粉糖類	纖維	灰分
大豆	一三・三四%	三五・九一%	一六・七二%	一七・三〇%	一一・五七%	四・八九%
豌豆	一四・三〇%	二二・四〇%	二二・五〇%	四九・一〇%	九・二〇%	二・五〇%
蠶豆	一四・三一%	二二・六三%	一六・二一%	五三・二四%	五・四五%	一一・六五%
落花生	七・五〇%	二四・五〇%	五〇・五〇%	一一・七〇%	四・〇〇%	一・八〇%

（4）根菜類的成分表

種類	水分	蛋白質	脂肪	澱粉	糖類	纖維	灰分
甘藷	二七・九三	〇・九三	〇・三一	二〇・二一		二・三六	一・一七
芋頭	五八・二〇	一・四三	〇・〇八	一〇・四〇	〇・一二	〇・六三	一・〇〇
薯蕷	七六・一九	二・一八	〇・一二	一四・八〇	三・一一	一・七八	一・七四
百合	六九・六三	三・四〇	〇・一二	一九・一〇	〇・六〇	一・四一	一・二五

馬鈴著	七五·〇〇	二·〇〇	〇·〇五	二一·〇〇	〇）九五	一·〇〇

(5)葉菜類的成分表

種類	蛋白質	脂肪	炭水化物	纖維	灰分	水分
菠薐	二·八二	〇·一四	一·四一	三·二九	一·一八	九一·一八
蕨	二·三〇	〇·二七	一·六六	〇·五七	一·三〇	九三·九一
白菜	二·五一	〇·五二	一·一八	一·七九	一·三八	九二·六二
小松菜	一·七四	〇·二二	〇·九三	一·一七	〇·八九	九五·〇五
三葉菜	〇·八六	〇·一二	二·四六	一·二三	一·三二	九三·九六
甜瓜	〇·八五	〇·〇八	一·九六		〇·四七	九六·六四
胡瓜	一·一五	〇·四八	四·一〇	一·二三	〇·五九	九二·四四
茄子	一·〇〇	〇·〇六	三·一一	一·四一	〇·四二	九四·〇〇
冬瓜	〇·六五	〇·一三	六·〇七	二·一五	〇·七五	九〇·二四

南瓜 ㊃·二六 〇·〇二 一·七二 〇·三五 〇·二三 九七·四二

(6)食物消化的時刻表

食物	消化時刻	食物	消化時刻
米	一時五分	煮鱖魚 鮭魚 燒豬肉	一時三十分
炙鹿肉 海帶 蘋果 葡萄 水蜜桃 西米飯	一時四十五分	炙牛肝 生雞蛋 大麥 蠶豆 水芹 菠菜 茄 冬瓜 桃 梨	二時
牛乳 薇 杏 橘	二時五分	生牛乳 煮牛乳 燒雞蛋	二時十五分
炙雞 炙鵝 牡蠣 雞蛋糕 煮豆 連皮 洋葱 黃瓜 西瓜 枇杷 柿	二時三十分	甜瓜	二時三十五分
煮雞肉 葱 南瓜 甜瓜	二時四十五分	炙犢肉 煮羊 煮嫩雞 半熟雞蛋 煮豆湯 玉蜀黍 菌	三時
炙牛肉 生牛肉 炙羊肉 醃豬肉 煮紅蘿蔔 筍 玉蜀黍 麵包	三時十五分	香腸	三時二十分
煮犢肉 牛油 炙雞肉 熟雞蛋 油煎比目魚 蠔 蛤蜊 煮白蘿蔔 甘 蕪菁 麥麵包	三時三十分	炙兎肉	三時四十分
豆 煮蘿	三時四十五分	煮牛肉	三時五十分
炙豬肉 炙豚肉 醃鱖魚	四時	炙鴨肉	四時十五分
生煎牛肉	四時三十分		

B 食物鑒定的常識

食物在未烹調之前;還須有一番鑒定的工夫;檢選後優良的食物材料;方可烹調成優美的食品。現且分說在下。

一　米的鑒別　我們中國南方人,大半是以吃米為第二生命的;所以對於米的鑒別,確是一種重要的工夫。就米的本質而說,(一)米粒要堅實質地要緻密。(二)米粒要肥大,形狀要圓。(三)米粒要重而不脆。(四)米粒的糠皮要薄。(五)米色要淡黃而透明有光澤的。(六)米粒雖細長;但是兩頭不尖的,也是好米。(七)米粒的縱線淺,粗細一律的也是好米。(八)米粒要是白色而沒有斑點的。又鑒別米的方法:(一)用手握米,糠屑着手一拂便去的,便是椿搗純熟的米。(二)把一撮米在兩手掌中搓過,看有透明色澤的,也是好米。(三)米不經手搓,便有透明光澤的,這便是在椿搗以前,卽加入鹵汁的,那可不是全好米。(四)米經淘洗以後,水中無粉屑流出的,乃是好米。(米商常用光粉和入米中使米色潔白又可分量重,這是奸商常有的事,故淘米務須淨盡)(五)米經煑後,不見紅黃色斑點的也是好米。總而言之:無論甚麼米,他的滋養料都是好的,不過多少的不同罷了。

二　蔬菜的鑒別　蔬菜是人生的必需食品，且於人身的滋養極有關係；倘吃了不新鮮或敗壞的蔬菜，使胃腸便不容易消化，就要害病了。現在分說蔬菜的鑒別法在下面：(一)根菜——蘿蔔，青芋，甘藷，慈姑，藕，馬鈴薯等，都叫做根菜，選用根菜須生脆不乾縮的，皮須光滑，鬚根要少，切開處水分要多，總是好的；倘外皮受傷，或已乾縮，或經冰凍，或鬚根太多，太老的，都不合用。白色紅色蘿蔔，有合於生吃的，出在江北的最好；青蘿蔔却出在天津的最好。(二)葉菜——一切大葉細根的菜，要揀造肥嫩的，像白菜，菠菜，甘藍菜等，都稱葉菜，葉菜採下後，須趁新鮮烹食，菜葉乾黃，葉上有虫吃過的缺口，或經冰凍過，或採下後浸入水中過夜，第二天再出賣的，都不適宜烹調的。揀選葉菜，必須葉面光潤，葉身肥厚，切斷處水分豐富的，纔是最新鮮合用的。(三)瓜類——又稱蓏果，如茄子，王瓜，越瓜，冬瓜，南瓜等，都是家常蔬菜中主要食品，鑒別法：茄子須是紫黑色，沒有瘢點的，倘皮成紫紅色，帶帶白色，又肚大而多子的，都不適用。王瓜須是青色，或略帶白色脆嫩的，最為美味；黃色的已老：便沒有美味。南瓜，如做蔬菜吃，須青色脆嫩時採下，炒熟，味甚適口；倘做點心吃，須老黃而味甜的，最適用。

三　魚的鑒別法　魚要吃新鮮的，而滋味也非常鮮美，假使經過長久的時候，魚肉必定腐爛，那最容易成腸胃病的；故我們務須吃新鮮的魚。至於鑒別的方法，是很容易的。像是新鮮的魚，那眼球便和水晶一般而且透明的，腮肉顏色鮮紅，（亦有魚販故意將腮肉染紅的）全身鱗片固着在肉上，雖用刀刮，亦起彈性的，肉色鮮紅透明，有光澤；若是不新鮮的魚，必是眼珠下陷無光澤，腮肉現紫黑色，全身魚鱗又不完全，也容易刮去，肉質失去了光澤，又沒有彈性，此外又最容易辨別的，便是不新鮮的魚肉，更有特別腥臭，這也是很易明瞭的。

四　肉的鑒別法　肉類食物，比魚類的食物更加容易敗壞，人吃了敗壞的魚肉，最容易害病；所以我在購買肉類時，須注意下面的各條：（一）肉色現淡紅，脂肪和在脂肪中的細靜脈管，好似大理石的斑紋一般，必是好肉。（二）用指頭壓肉面，有彈力，指面不濕的，便是新鮮肉的證據。（三）如肉色成深紅的，那是將腐爛的肉，成慘白色的，那是有病的肉。

（四）生肉下鍋，不久肉體便緊縮的，也是將要腐爛的肉，斷不可烹食的，因爲這樣腐爛的肉吃下肚去，必發生一種十分利害的疾病。

五　蛋的鑒別法　鷄蛋也有鑒別的方法，就是把雞蛋或其他的蛋握在手中，對光照着，橫豎都現透明色的，便是新鮮的蛋；如透明而混濁的，便不新鮮。又另一試驗法，便是將一〇的食鹽，和水盛在碗中，更把蛋放入水中，浮的是不新鮮的；沉的乃是新鮮的。倘蛋沉水底平臥的，必是最近產的蛋；蛋沉在水中尖的一頭略浮，圓的一頭略沉，斜臥着成四十五度角度的，牠離產生期必在一星期以前；若尖頭在上，圓頭在下，而直立在水底的，便是兩星期以前產生的了，最好是最近產的蛋，極爲滋補。

六　水的鑒別法　水是人一日不可缺少的飲料，不但在飯菜食物中是佔據多數成分的，就是每日所飲的茶水或咖啡中，幾完全是水製成的。又水中的微生物，最容易滋生，我們對於每日飲食需要的水，更不得不用方法去嚴密的檢查牠，簡單的檢查方法，（一）井口不可離陰溝及污穢水池太近。（二）井口不可離廁所太近。（三）太淺的井水。是不可充飲食料的。(四)裝清水在玻璃瓶中。將瓶搖動，再開瓶塞嗅着，倘沒有臭味的便好。(五)煮水到三十五度或三十七熱度時，倒少許在口中嘗着，沒有異味的便是好水。這乃是與人生極有關係的，故必時加檢查。

C　烹煮的幾個要點

(一)菜的材料，都要新鮮的；陳腐的不但是不佳，而且要妨礙生命。

(二)飯菜材料，在未烹調以前，應當先洗滌清潔，免礙衞生。

(三)切菜要大小均勻，不可粗糙雜亂，或厚薄不勻。

(四)炒菜或煎炒魚肉，鍋要燒紅；油要煮沸，方可下鍋。

(五)無論任何菜在燒煮的時候，不可多加鹽；太鹹了不但味不佳，且不容易煮熟。

(六)凡是有腥味的食物，如魚及牛羊猪肉，在燒煮的時候，應加酒，及葱，薑，或花椒等，可以解除其腥味。

(七)燉肉須先用緩火再用急火；煎魚須先用急火，後用緩火。

(八)煮肉食時，如欲牠快爛，可以加鹼水幾滴，但也不可太多。

(九)炒肉片魚片等可薄和黃粉，或黃粉一層，免得太老。

(十)清燉雞肉等食物，須多加水不可加醬油；紅燒雞肉類，須將水收乾，(不可太乾)或多加醬油。

(十一)菜要趁熱吃，冷菜不但減味，且容易腐爛；隔夜菜以不吃爲是；又製菜宜少，最好要一次吃完。

(十二)姑蘇人烹調多用糖，且歡喜煮爛；閩粵人烹調注重湯，且歡喜生吃；四川湖南人愛吃辣味；河北山東人愛吃葱，韮，大蒜。

(十三)煮肉不可先放鹽和醬油，假是下鍋就放鹽和醬油，勢必緊縮，而且難爛。

D 飲食器具的要點

烹調方法本十分複雜，考究不盡；不過做一個平常家庭主母的人，祇叫能做普通飯菜，也就夠了。況且現在世界不景氣，民窮財盡，失業恐慌，國家大難，逼在眼前的時候，我們要想一想一般啼飢號寒的窮人，祇須吃一口粗菜淡飯，也便心滿意足了，便是飲食材料，必須要適合衞生的，而器具必須是要清潔的，這是不問窮富的人，都應當注意到的。現在我再將關於飲食的用具，開一個單兒在下面：

一　飲食器具　杯類——茶杯，酒杯，玻璃杯，高脚杯，　筷類——骨筷，竹筷，象牙筷，　盌類——飯盌，菜盌，湯盌　盤類——小盤，中盤，大菜盤，湯盤，魚盤，　碟類——杯碟，匙碟，醬油碟，瓜子碟，菜碟，　壺類——茶壺，酒壺，菜油壺，麻油壺，　匙類——湯匙，菜匙，飯匙，長柄匙，小匙等，　瓶類——酒瓶，醋瓶，醬油瓶，胡椒瓶，鹽瓶，　鍋類——暖鍋，湯鍋，一品鍋等，都該注意清潔。

二　烹調器具　刀類——如菜刀，柴刀，薄刀，尖刀，牛骨刀，大菜刀，　砧類——厚砧板，薄砧板，　鍋類——大中小湯鍋，飯鍋，長柄鍋，平底鍋，及鍋鏟，　罐類——湯罐，肉罐，糖罐，粉罐，　竹器——蒸籠，蒸架，筷籠，淘蘿，飯籃，菜籃　巾布——抹桌布，洗手布，洗碗布，包頭布，小圍巾，大圍巾，　鐘類——廚房中掛的壁鐘，手臂上用的手錶，　臼類——擂盆搗

【50】

白，叉類——火叉，菜叉，燻魚肉用的叉。刷類——鍋刷衣刷，以及洗鍋用的絲瓜絡等。應該注意的。

三　味料　油類——猪油，菜油，麻油，鹽類——粗鹽，細鹽，醬類——醬油，豆板醬，菓酒，酒類——料酒，火酒，燒酒，白蘭地，葡萄酒。糖類——冰糖，白糖，砂糖，方糖等。辣味——胡椒，生薑，辣椒，芥末。粉類——黃粉，麥粉，麵包粉，刺激料——葱，韮菜，大蒜葉，大蒜頭。

四　家常的烹飪法

家庭內主要的人，乃是主婦，不論祭享，宴會，以及日常三餐，所有肴饌的供給，羹湯的調和，都要主婦的治理；因此這烹飪法又是極有一講的必要。大凡同一材料，要看配合的得宜，火候的合度與否，而味的美惡就判定了。故這各種的事，都須要練習。不過各地的物產不同，人的嗜好亦兩樣，因爲這樣，這烹調的方法，也不能完全相同，因地而異的。現在祇將家常日用的食物舉出其可以通行的烹調法，把做主婦們的參考一下子。

A　豬肉的烹調法

(1)紅燒肉　紅燒內必須用背部肉(肥瘦各半)一斤，切成大塊，放在鍋裏，加水與肉面齊。煮到半熟後，把肉和水拿起，另外用熬熟猪油四五匙，調白糖二兩，和肉一同入鍋，炒之，再加醬油四兩，酒二兩，生薑葱各少許，等候肉色濃紅，再加鹽半匙，水（就是先前的肉汁）少許，再燒四十分鐘就酥。

(2)紅燜肉　這紅燜肉和前面方法所不同的地方，就在燒到半熟的時候，即將醬油，酒，加入，（留肉汁同燒不好。）用文火再燒半小時，然後加冰糖屑二兩，鹽半湯匙，依舊用文火燒酥。

(3)白切肉　用背部或腿部肉(瘦多肥少)一斤，不必切開，放在沸湯中，稍煮一些時候，用繩紮緊，加酒二兩，用猛火燒之。約經過四十分鐘，已經熟透後，拿出切片，再用醬油，薑末（或芥末）拚醬吃，也是一種異味。

(4)白煨肉　用背部肉一斤，切整塊，放在鍋裏，加水蓋過肉面，先用猛火燒沸；然後再加入酒二兩，鹽一匙，葱，筍鞭，木耳等，用文火再燒。等燒透，另外用醬油蘸來吃。假使在煨的時候，加上白菜，冬筍，火腿等，都是很適宜，而且大多數人歡喜吃的。

(5)炒肉絲　前腿肉十二兩，切成細絲，先將熬熟猪油三匙，放在鍋裏烊化。然後倒肉絲在鍋裏，用鏟刀不停手炒着，加酒一兩，醬油二兩，鹽一小匙，及豆粉少許。等肉絲炒熟，趕快鏟起；不然肉老而不容易消化。炒時再可加各種菜料副佐之；像洋葱頭，白菜，黃芽菜，茭白絲，鹹菜，薺菜等都可加入的。　炒肉片的方法與上相同，不過把肉和配合的菜料，切成片罷了，餘無別異的。

(6)爛糊肉絲　腿部肉一斤，白菜一斤，都切成絲。先將菜放進鍋裏，(先莖後葉)加水燒透，次入肉絲，再加熬熟猪油二匙，鹽一小匙，酒一兩，火腿絲等，燒透之。這一種是白燒法；假使要紅燒的話，那末只要多加一點醬油。

(7)粉蒸肉　用腹部肉一斤，切片後，浸在醬油四兩酒二兩裏面。大約經過一小時許，再拿出來，用炒米粉（應該用粳米）四五兩，拌在肉片上，用鮮荷葉包住，放在鍋裏蒸熟。

（8）肉圓　用腿肉一斤，加入木耳，香菌等合着斬細，放在碗裏，加醬油二兩，酒一兩，鹽一匙，荳粉少許，拌勻，用手略揑成了團，放在鍋裏加油二兩煎熟；或放在鍋裏蒸熟也可以的。肉圓的大的，名叫獅子頭，方法和上面大略相同。先用肉切細，（勿斬）加進蝦仁，鹽，酒，醬油等拌勻；再用雞蛋白加入，做成極大的肉圓，放在鍋裏，用文火燒熟。

（9）醬燒肉以及燻肉　把瘦肉切成長條，浸在醬油中二三小時，取出等乾，在無烟炭上燻之，燻時塗上玫瑰醬等。時常翻動，使肉不致發焦。燻肉，先用酒，醬油，和肉一同燒到半酥，取出，在燒着的木屑上，用架燻之，烟透後再切成薄片，這是最好的下酒物。

（10）油捲以及肉包　用瘦肉斬細，加入香菌丁，冬筍丁，酒，鹽，醬油等拌勻。把網油切小，包成每個三寸長成的肉捲，放在油裏熬透，取出後。另外再加進筍片，香菌，木耳，糖，醬油，以及水少許，一同燒透拿出。還有肉包，是用百葉或荳腐衣，包以上拌勻的菜料，每個大約二寸長，加油以及醬油煎之，或加水，醬油蒸之，都可以的。除此以外，像油豆腐塞肉，油麵筋塞肉等材料，和前面同樣的。

B 豬身雜件烹調法

(1)豬頭 毛豬頭必用小刀將毛刮去，洗得極乾淨，放在沸水裏，稍燒一會，再拿去水，用甜酒和葱蓋肉面，一同煨燒，等熟後再加鹽水醬油等用文火煨到極爛爲度，所以火功不可省的，我聽得人家有句俗話說，「火到豬頭爛」的確不差。

(2)猪蹄 用刀洗刮得極乾淨，放在沸水裏燒過半小時後拿出來。另外再用水酒，鹽，放在鍋子裏煨爛，或用醬油茴香，紅煨也可以的。

(3)蹄筋 把蹄筋泡軟，放在雞湯裏火腿湯裏，加作料煨爛；或加火腿片筍片等炒之；或先在油裏炸後也可以的。

(4)猪肝 可連網油買來，將猪肝切片，網油切小塊，一齊放在鍋子裏，加酒，鹽，略炒，再放進葱莖或鹹菜水筍一同炒之。但不可炒老。

(5)猪肚 猪肚，裏面本來很爲骯髒，必須洗滌得極乾淨；燻，白煨，冷拌，都可以的。另外更有湯泡肚的一種方法；是用肚極厚的地方，叫做肚尖，刮淨外膜，切成薄片，浸在冷水裏。等到用的時候，取肚片放在沸水裏，略燒一會，就拿出來用葱椒酒料透。另外燒火腿湯或鷄湯，燒到沸點時，加入肚片，立刻起鍋。吃的時候，可以加胡椒末以及芫荽，肚片以脆嫩而不生的算最好。

(6)猪腦　照爊肉法燒之，或和火腿蔴菇同煑，非常肥嫩。

(7)猪腰　猪腰可以煨爛，蘸椒鹽吃的。或切成了片，用熱水泡去血水，洗淨，放在葱椒酒略浸一會，照炒肉絲的方法炒之亦可。

(8)脊腦　每段切成約一寸長，和猪腦一同放在火腿蔴菇中燒之。就叫脊腦湯。

(9)猪肺　洗的時候，把肺掛起，從氣管中注入冷水，再用手將肺葉敲拍至幾百下，自氣管中倒出了血水。再注入冷水，用手掌敲幾十下；必須要使肺葉洗滌到極乾淨，待到變為白色後，乃剔去包衣，剪碎成塊，去掉膜再洗。然後用雞湯，或火腿湯同煨，其味很美，且滋養料亦很豐富。

(10)猪腸　最不容易洗淨的食物。就是猪腸，洗時，必須把腸翻轉來，刮去汚穢，用稻柴灰以及鹽摩擦，再放在清水裏洗乾淨；到沒有臭味後，然後放在沸水裏燒一些時候。拿出來再洗乾淨切斷，和雞湯同煨。紅煨或白煨都可以；或者把幾條小腸套在大腸裏燻過以後，切成薄片，蘸椒鹽也很可口，但隨人的嗜好罷了。

(11)猪皮　先風乾了，用的時候放在水裏浸軟，再在油裏炸透，和其他菜料一同燒煮。菜館中人，常常冒充做魚肚用。或將皮斬細加鹽，在鍋子裏蒸了數次，蒸到極透，加入斬細的瘦肉，就可以做饅頭餡。所以有一種食物，總有牠的本能。

(12)猪骨　把新鮮的骨數片，和糯米以及鹽水一同煮成粥，這粥就叫肉骨粥，這滋味是極鮮美。更有排骨把帶肉的骨切斷，洗乾淨，在糖以及醬油中浸漬以後，放在鐵瓢裏，再放在沸油裏炸之，炸透後把油瀝乾，就成爲排骨了。有糖鹽兩種的烹法。

C　羊肉的烹調法

(1)紅燒羊肉　羊肉是冬天温體的一種好食品其燒法把羊肉切成大塊，放在鍋裏，加水蓋滿肉面，再加酒，葱頭，茴香，蘿蔔片，或刺眼胡桃等，以除去羶氣。等到肉煑爛後，除去蘿蔔片以及茴香等東西，剩下少許湯，再多加酒醬油，冰糖屑，各種東西煨透，務須使其味極濃厚，在冬天吃時，格外相宜。

(2)煨羊蹄　把羊蹄幾隻洗滌乾淨，燒爛去湯，加進酒，鹽，醬油，葱頭，紅棗以及鹽少許。等煨濃後，去葱頭，紅棗。用葱，椒，酒，潑入之。

(3)羊肉羹　把熟羊肉切成碎丁，放在火腿湯或雞湯裏，再加進香菌丁，冬筍丁，葱花，酒等，以及鹽少許，同煨，味亦鮮美。

(4)白切羊肉　把肥羊肉剔去骨燒爛，加鹽，酒，山芋粉收湯，倒在磁盤中，使其凍結。臨吃的時候，切成薄片，蘸醬油來吃，可以滋補身心。

D　牛肉烹調法

(1)紅燒牛肉　先將牛肉切成大塊，放入鍋裏，加水蓋滿肉面，再加葱，薑，以及稻柴幾根。(加酒則增臊氣；所以祇用葱薑不用酒。放稻柴幾根則容易酥。)燒二三點鐘，到半爛時拿出用熬熟猪油炰之，加水再燒。等到熟透，再加醬油冰糖屑等，將汁收乾，西人認爲滋養最富最養生的第一食品，故西人最喜吃食。

(2)醬煨牛肉　將牛肉如上法燒到半爛，去湯，再加入豆板醬以及冰糖屑，拌和燒透，就可以起鍋。

(3)炒牛肉絲　方法和炒猪肉絲相同。但在炒的時候，要加入大蒜頭洋葱頭絲等比較好吃；這就是和猪肉絲炒時的不同點。在未炒以前，假使用一隻生雞蛋，將肉絲拌勻，炒時候格外嫩，味道亦格外鮮美。還有炒牛肉片，其方法同炒肉絲也一樣，不過把肉切成小片罷了。

(4)牛肉汁　市上所賣的牛肉汁，價值很貴；其實自己做的方法，非常容易。只要用牛肉一斤，切碎；越細越好。放在罐裏，嚴密蓋住。(不加水)隔水燉三小時，除去了油，再燉一小時，去渣存汁，酌加食鹽飲服，其滋養力十分充足。倘若加一倍的酒精，將汁熬濃，可以歷久不壞，而自己做的，比市上所賣較爲優美。

E　鷄鴨的烹調法

(1)紅燒鷄　鷄又是滋養的一種原料，要燒時先把鷄洗乾淨切塊，倒在油鍋裏炒；等油將乾時，加入醬以及糖，再炒再沃入清水，加進薑片，撥平鷄塊，使完全浸在湯裏，更燜燒一小時。

(2)白燉鷄　把嫩鷄一隻洗滌乾淨，放在瓦鉢裏，加水一碗，酒四兩。糖三錢，薑數片，用雙重紙封蓋鉢口，放鉢在鍋裏，倒進半鍋的水，蓋上鍋蓋，用猛火燉之，隨時可加水入鍋，燉二小時就熟了。

(3)炒鷄片　切鷄肉成薄片，倒進沸油鍋裏炒。火必須要極旺；遞加油，酒，醬油，蔴油。在起鍋前，加薑葱末少許，並且要稍放點豆粉在裏面，益發鮮美。

(4)煨鷄　把鷄拔去鷄毛，挖去肚裏的雜質，洗滌乾淨，中間可塞斬碎的肉餡，縫密其口；外面包荷葉，用水調酒罈上的泥，塗在葉外，用炭火煨之，到爛熟爲度；味道非常香而鮮美。

(5)溜炸鷄　把整個的鷄，切成小方塊，先在醬油和糖裏浸一時；再放在沸油鍋裏炸之。稍息取出瀝乾，舀去鍋裏餘油，然後再放在鍋裏，加糖，葱，醬油；炸幾下後，沃入豆粉調醋；再攪幾下，就可以起鍋。他的味兒較排骨還好，製法相同。

(6)白切鷄　先須放水一大碗，在鍋子裏煮沸，將洗淨的整個的鷄，放在鍋裏，用猛火燒半小時拿出。辨別鷄肉的直橫縫切開，寬大約一寸，長半寸，用蔴醬油蘸着吃，元氣盎然，很覺可口。

(7)拌鷄絲　要把熟鷄切成細絲，與柔嫩的筍的細絲作拌，就用白鷄湯調和之，味極鮮美。或者用醬油，芥末，醋拌來吃，也是很好的滋味。

(8)炒鷄絲　用鷄胸的肉切成細絲，把豆粉拌勻，鍋子裏先放猪油熬熟，然後將鷄絲倒下去；趕快用鑊刀連連攪炒，隨即拿白醬油倒進，還放少許的葱，再攪炒十幾下，就熟了。若加筍絲。豆芽菜等一同炒，應當在加醬油時候加進去。不然就生熟不勻。

(9)紅燒鴨　把鴨子要洗得乾淨，再切成方塊，倒在油鍋裏攪炒，再加入醬油調糖和薑片。攪炒之後加水，蓋住鍋蓋燒之，大約經過半小時，開看一次，酌加開水一杯。不使燒焦在鍋內。

(10)八寶鴨　要用肥的鴨兒一隻，將毛拔拾乾淨，肚下剖開一洞，拿去肚裏肺，肝，腸，油，用清水洗淨。用糯米一杯，加入鮮肉火腿。栗子，芡實，蓮心，香菌，冬筍，麻菇丁等，再用葱，酒，醬油拌勻，塞進鴨的肚裏，用線密密縫住，放在鍋裏，加水，酒醬油燒熟，便成。

(11)野鴨　囫圇野鴨一隻，剖開肚子，塞葱，茴香和醬油。外面用鹽水，醬油，五香煮透，起鍋。葱拿出，可以燒豆腐，把鴨切塊，供給飯膳，也是異味。

F　鷄蛋的烹調法

(1)蛋湯　菜館裏燒蛋湯的方法有二種：一專用蛋白；一黃白並用。專用蛋白的，叫碎玉湯。拿熟的鷄蛋白，切成小塊，加筍片香菌，放在鷄湯裏燒熟。在起鍋時候，加少許鹽。黃白並用的，叫蛋花湯。敲生鷄蛋在碗裏，調勻，倒在鮮美的沸湯裏，加食鹽，與火腿絲（或蝦米）等，用鐽刀截開，再燒滾就熟。這兩種湯，都以寬湯爲宜。

(2)醬煨蛋　先把蛋蒸熟，剝殼、加上醬油，酒與少許的水。放在瓦罐裏，在火炭煨煑。或者在半熟後，略碎其後輪使紋痕縱橫。連殼煨熟，必須要煨二次使醬油可以內透，裏外都是一樣。

(3)蝦仁炒蛋　普通像肉絲，筍絲，銀魚等，都可以炒蛋；但要算蝦仁炒蛋爲最美味。方法把雞蛋去殼，黃白調勻。(勿加水)先用猪油入鍋熬熟，加蝦仁，筍片少許；稍一會再將蛋放下，酌加鹽，連連攪炒，等蛋將凝結，立刻起鍋；不然，恐怕蛋老味就變的。

(4)溜黃菜　把蛋敲開用蛋黃和水(不用蛋白)調勻。先用猪油倒在鍋裏燒熟，再把蛋倒在熟油裏，(每一個蛋用一兩猪油。)趕緊鏟炒，然後酌加火腿屑和鹽，等待蛋與油勻和，就可以起鍋，不可過炒。

C　魚類的烹調法

(1)溜黃魚　用黃魚一條，剖開肚子洗淨。背部肉厚地方，劃爲斜紋的小方塊，使容易入味。當即放入沸油鍋裏炸煎；等待魚皮變成褐色，舀去鍋裏餘油，再把魚放進鍋子裏。

先加醬油，再加進碎葱薑末與冬茹絲，最後再加入酒和水。等燒開之後，再加醋與糖，把魚兩面翻轉溜之，各三分鐘就起鍋，其味鮮美適口。

(2)炒魚片　仍用黃魚一條，剖後洗淨，去其皮骨，頭，尾，再用刀將肉切片，放在豆粉和水裏，薄薄拌和，然後把魚放在沸油鍋裏炒透，撈起濾乾，去鍋中的油，再放在鍋裏；隨後加入醬油和糖，用鏟刀反復輕炒，再加葱，木耳以及筍片等炒熟，津津有味。

(3)紅燒鰻鯉　用肥大的河鰻，洗淨滑涎，除掉頭尾，斬爲寸段，用醬，水，猪油燒爛，加鹽以及醬油，多燜收湯，使其入味。最後加多量的葱，薑，茴香等的東西，以除腥氣。起鍋前再加冰糖和豆粉少許。

(4)炒鱔絲　把黃鱔洗淨，用沸水煮五分鐘後，再起鍋劃絲去骨。用酒，醬油煮之，再加火腿屑和豆粉水，入鍋炒五分鐘便成。

(5)魚片湯　把魚片浸在醬油裏十多分鐘，夾起，用豆粉拌，放在沸湯鍋裏，加葱以及筍片。在起鍋時，加胡椒和蔴油，香透四室。

(6)炸鱖魚　用鱖魚一條，破腹抽去肚腸，洗清後，背部厚的地方，用刀切成斜紋小方塊，然後放入鐵絲瓢上進沸油裏炸之。待魚皮變灰褐色，翻轉來再炸。看魚色變黃時就熟了。這樣醬油濾乾，夾開，沾花椒鹽進食。

(7)白燉鯿魚　把鯿魚剖腹去鰓，浸入醬油糖裏，把肥猪肉切成薄片，與冬菰，蝦米，和葱，一同放在魚身上，擺在蒸籠上蒸之，熟時將酒半兩沃之。清蒸鯉魚以及清蒸鯽魚，其方法都相同的。而鯿魚我們蘇省內地，以爲頭食菜，凡筵席常有。

(8)紅燒鯽魚　把鯽魚剖腹洗淨，用刀橫剨魚身兩面，放進沸油鍋裏炸酥，撈起；舀去鍋子裏的油，再把魚放在鍋裏，加糖調和醬油，用鑊刀反復翻轉，再加葱和冬菰絲，加醋和豆粉水，一會兒就起鍋。醋溜鯉魚的方法也是一樣的。

(9)炒甲魚　又名水鷄。斬塊入鍋，用猪油肉炰炒；等到兩面都熟，須多加酒，醬油。火力先弱後強，收湯成滷。將熟，加葱蒜，熟後加椒鹽和冰糖，少許便成。

(10)魚丸　用魚刮皮去骨，切塊斬爛，和豆粉，清水，以及鹽調勻，放在鉢裏攪打。先把水大半鍋煮溫，用湯匙做團，像彈丸形狀，投在溫水裏。湯漸漸熱起來。那末用冷水參之；等丸形結實，那湯可以漸漸熱起來。熟後撈起，食時再加入鮮味的湯，異常肥嫩。

(11)白煨鯽魚　把鯽魚洗淨，先放水鍋內煮沸，再將魚放下鍋去，用白醬油，薑蔥豆油各少許，慢慢地煨熟，其湯潔白，味且新鮮無倫，但須活魚方可。

H　蝦蟹的烹調法

(1)炒蝦仁　用鮮蝦去殼出肉，再用火腿，冬筍，白菜等丁，先焙過另放；再將猪油放在鍋裏熬烊，把蝦仁放下攪炒，隨放火腿，冬筍等加酒以及醬油，再炒十幾下，就可以起鍋。

(2)蝦子海參　浸海參在水裏一晝夜，拿起來剖腹去腸。洗淨後煮得極爛，就用酒，醬油，再用香菌木耳副佐；將熟，再加蝦子，同炒兩下便好。

(3)蝦圓　蝦去殼和荸薺屑，放在小石臼裏搗爛。將爛時，把調過的鹽和蛋拌入，用手掌和酒做圓。(在湯匙中做亦可以。)煮熟，放蝦殼燒的湯裏；拌了索粉，格外好吃。

(4)醉蝦　帶殼的蝦，去鬚和脚，用酒，醬油，少許。(或加醋及桔皮屑)臨吃再加胡椒末少許，更加可口了。

(5)炸蝦餅　用青蝦除去鬚和脚，拌豆粉做餅形狀，倒在油鍋裏；反復炸熟。吃時沾醬油少許，味覺更鮮。

(6)白煮蟹　先盛水在鍋內，投入活蟹，加老薑，用猛燒。等到蟹殼紅，拿起蘸薑末和醬油剝吃。

(7)炒蟹粉　用蟹燒熟，剝肉和黃，再用猪油炒，加酒；鹽，醬油。在起鍋前略加豆粉水，就成純粹的蟹粉。或者和進火腿肉絲，筍片，香菌，木耳等亦好的。

(8)蜆子湯　蜆子連殼煮湯，加鹽以及熬烊的猪油少許。起鍋時撒胡椒末少許，其味盎然。

I　蔬類的烹調法

(1)白菜紅燒　把菜切塊，倒在沸油鍋裏炒軟，加醬油調糖，反復攪炒。使之透味，倒進半熟的肉絲，再加蝦米以及冬菇絲同炒。炒了數十次後，蓋鍋猛燒，就容易熟了，很爲滋補，且經濟可口。

（2）紅燒筍　把筍切塊，用刀背敲裂，倒在沸油鍋裏炸之；熟透盛起，舀去鍋裏熟油，把肉丁，冬菇等放在鍋裏同炒，再將筍倒進，炒得調勻，沃進糖，醬油，再反復攪炒。將收乾時，再倒進餘油同炒，待油將收乾就可吃了。

（3）炒茭白　先把猪肉切絲，加醬油，酒，燒到半熟時，乃將茭白切成一寸長，和水一同倒在鍋裏燒，一二滾就熟。若是蒸茭白，可以切片蘸蔴醬油吃，滋味亦很好。

（4）炒白菜　用白菜擘掉粗葉，切塊。先把冬菇，蝦米泡過，和猪油片，筍片，下油鍋炒熟，倒進白菜，猛燒，反復攪拌，半熟，沃入醬油和糖再炒。等完全熟透後纔可盛起。

（5）清煮瓢兒菜　要將爛菜除去，倒在油鍋裏攪炒；半熟時，放水。等水沸，再下鹽，洗到稀熟盛起便好。

（6）紅燒茄子　用茄刳子切成角形塊，洗滌乾淨，倒在沸油裏炸之。撈起後，去鍋裏餘油，留少許，把肉丁及蝦米倒下，加醬油之後，然後將茄倒進同炒，加水少許，再炒，待透味後，就可以了。故任何蔬菜，總以烹調得宜爲可口。

(7)炒蠶豆　先倒進肉丁，冬菇丁，薑丁在油鍋裏，然後再倒入蠶豆，反復攪炒，沃入醬油，再炒數十下便成。

(8)紅燒冬瓜　把冬瓜切片，倒在油鍋裏炒透，待到下醬油再炒，炒後加水燒熟。

(9)八寶豆腐　把嫩豆腐切成小塊，加香菌屑，蔴菇屑，筍屑，黄芽菜屑，京冬菜屑同炒；繼續再加醬油和糖，稍燜一會就可起鍋，西人認爲補品之三。

(10)燴豆腐　要先把肉絲放在油鍋裏炒，再用冬菇，蝦米放下，再後才下豆腐一同輕炒，加些醬油。待汁將收乾，可加少許水，使之煮透入骨，亦是經濟有味。

J　粥飯的煮法

(1)飯　把米放在竹籮裏，要在淸水裏淘淸。用手擦米，使水從籮孔裏淋出，漂了乾淨稍濾。卽把淘淸的米，倒在鑊裏，看米的多少，作爲水的加減。若黄米飯性質比較會漲，每升須加水三大碗。白米飯漲性不好，每升只用水二碗半。燒白米飯，最好先把水燒滾，然後下米再燒黃米飯則不論。但水沸米下鍋，必須用鏟攪透，不然生熟不勻。燒時候的火，必須先猛後弱。第一次滾後，燜十分鐘；煮熟後，再燜十分鐘，香溢四室，然後可以盛食。

(2)豆飯　用青豆去掉莢殼，和米一同入鍋，撒鹽少許；煮法和飯相同。假使豆已經老了，那末先將豆和水燒滾後，倒下米去再燒。或者用豆仁和肉煮飯，這就是叫豆仁飯；大約每升米用豆七八合。倘純用粳米，還不及粳糯米各一半比較，來得柔軟有味。

(3)菜飯　在未燒以前，先把青菜放在油鍋裏焙過，加食鹽少許。然後和白粳米與水一同入鍋。其餘和普通燒飯也是一樣。但須把菜攪透，不致鹹淡不勻。

(4)粥　水和米同放鍋內，燒法和飯差不多，不過水量酌加二倍以外。黃米粥燒二滾已經足夠。若原先是飯，祗須一滾，略燜就可以了。白米粥那末必須要三四滾；並且多燜以待其膩。因爲黏性的不同，所以秈米需水量少，晚稻米需水量多。

(5)菜粥　倒白米在鑊裏，把已切細的青菜與鹽酒相繼倒進，燒一二滾稍燜就熟。先煮菜，後下米同煮。這是也可以的，而且和後倒菜的味兒，還要來得好。

K　點心的烹調和製法

(1)湯麵　把鷄蛋白放在麵粉裏，幹成薄麵皮，再用小刀截成條，稍寬；這就叫做裙帶麵，以湯多爲佳；麵中含蛋白的，格外覺到潤滑。配置猪油醬油菠菜肉絲等即成。

(2)拌麵　用細麵下滾水裏。再用竹箸攪盪；等熟以後，把竹絲瓢(或用鐵絲瓢)撈起，在冷水裏淋清，再放在滾水裏燒熱，撈起濾乾，放在碗裏，用醬蔴油拌勻。另外備點鷄肉，香菌濃滷，可以臨食時加上。

(3)鰻麵　先要把大鰻一條蒸爛，拆肉去骨，和在麵裏，放鷄湯輕揉之，幹成麵皮，用小刀劃成細條，再用鷄汁，火腿汁，蔴菇汁等燒熟之，臨食時垂涎三尺。

(4)簑衣餅　麵粉用冷水調和，不可多揉。幹薄後，捲攏再幹，可用猪油白糖調勻，再捲攏，幹成薄餅，再用猪油煎黃。若愛吃鹹味的，那末加葱，椒鹽，亦很好的。

(5)燒餅　麵粉幹薄做餅，用松子，胡桃仁敲碎，加糖，脂油合做餅餡，餅面黏滿芝蔴，兩面烘黃爲適度。

(6)酥餅　可將冷定脂油一碗，用水一碗，攪勻，放進生麵，儘揉做團子，像胡桃大，外用蒸熟麵放進脂油做團子；略小一點。再把熟麵團子，包在生麵團子裏，斡成長餅。大約長八寸，寬二三寸許，然後折疊像碗樣，包上饟子，香脆非常。

(7)脂油糕　用純糯米拌了脂油，放在盤裏蒸熟，再加冰糖，捶碎在粉裏，蒸好切開便成。

(8)肉餃　糊麵攤開，裹肉做餡，蒸熟做餡。但必須嫩肉去筋。或者把肉皮煨膏做餡，也覺得很鮮美有味的。

(9)水粉湯圓　用水粉和作湯圓，或用松仁、核桃、猪油，糖做餡。或者用嫩肉去筋絲，捶爛加醬油，葱末做餡也可以。做水粉法：用糯米浸在水裏一晝夜；帶水磨之，用布盛接濾去其水，拿細粉晒乾後備用，乃點心之妙品。

(10)糉子　做糉子，拿頂好的糯米，淘乾淨，用大箬葉裹之，中間放火腿一小塊，封鍋悶煨一晝夜。吃之滑膩温柔，肉和米化。或者斬碎肥火腿，散在米裏，用竹葉裹住，尖小像菱角，這種就叫竹葉糉，也是很好。

五　西餐的烹飪法

歐美風俗和我國不同的，宴請客人，一切肴饌，必由主婦親手調理，以作表示敬意。就是平時每天三餐，做主婦的，也必定親自到廚房裏，調理一切。因爲她們對於烹調的方法，早已練習熟了。我國近來宴客，有外賓或上賓在座，很多參用西餐；不過烹調，一概假手於專門的庖人，家庭裏很少有能夠的人。這是由於中西嗜好不同的緣故，取材與烹調的各異，不得其方法，當然無從着手。現在採集各種通行的烹調法，細細寫出來，或者也可學他們的長處，以補自己的缺點吧？那不獨在宴會上得到便利，就對於飲食衛生，亦有很大的稗益呢？花樣翻新，亦可得到宴會上的美觀。

A　羹類的烹調法

（1）雞羹（Chicken Broth）用雞一隻，殺後洗滌乾淨，揩乾，切塊去油，放在燒罐裏。

倘是每隻一斤的雞，放一大碗冷水，燒到半酥，割去胸肉，其餘等到三四點鐘後，取出濾過，湯稍冷，把上浮的油撇去再放在罐裏；把胸肉切成小方塊，一併加入，另加米半杯，燒到半爛，用鹽胡椒調味，就成爲雞羹了。美味之特品要算鷄羹。

(2)羊肉羹(Mutton Broth)把羊腿肉或肩肉，切成小塊，去油，放在燒罐裏。每斤加冷水一大碗，燒四五點鐘，濾過撇油，再放在罐裏，可加芹菜一莖，米二湯匙，燒到半爛，用鹽，胡椒等調味下去，鮮美無比。

(3)蘇格蘭羹(Scotch Broth)就是把羊頸肉二斤，切成小塊，去油，放在罐裏，加冷水二大碗，鹽一茶匙，弱火燒二小時。另外拿蘇格蘭大麥二匙洗淨；還有葱頭一隻，蘿蔔一隻，芹菜一莖，芫荽(香菜)一莖，切細後，一併加入，再燒一小時。後，濾過撇油，然後放入罐燒滾，加鹽胡椒等調味，聞之涎打脚背。

(4)蛤蜊羹(Ciam Broth)將大蛤蜊十二隻，洗滌要乾淨，放在燒罐裏。加熱水，用蓋過殼爲度；等殼稍開，剝去。蛤蜊與汁同燒十五分鐘，濾過，加牛酪一湯匙。等到燒滾，再用胡椒調味；切勿加鹽。盛在盃裏，上蓋打鬆的奶油，其味格外鮮美適口。

（5）牛肉西米羹（Beef and Sago Broth）用牛肉一斤，去脂肪和皮，切成細絲，放在瓦罐裏，加冷水一大碗，鹽半茶匙，浸一刻鐘後，可用文火燒之。勿使煮滾，取出濾過，再放在罐裏，加入西米二湯匙。將其燒滾，到西米現透明色，加入打過的雞蛋黃兩隻，在火上攪數分鐘，勿使成塊，再加鹽調味，即成西人喜食的上品。

（6）速成羹（Quickly made Broth）精肉十二兩，斬碎，浸在一大碗冷水裏，大約經過一刻鐘；再用弱火燒半小時，加牛酪以及鹽調味就好吃的。

B 湯類的烹調法

（1）牛尾湯（Ox-tail soup）用牛尾二條，剖開，並截斷其節，加脂油一匙，葱頭一隻，煎黃，放在燒罐裏，再加冷水四大碗。等待燒滾後，再加香菜一莖，丁香三隻，胡椒六粒，一同燒四小時，然後再加鹽一湯匙，濾過去油，把牛尾每盆一塊，加入原汁，即成鮮美的湯。

（2）薄倫湯（Bouillon）用牛股肉一斤，去油，切成小塊，放在燒罐，加冷水一大碗，先浸一小時。然後弱火燒四小時。滾時候撇去了浮沫，加切碎的葱頭一隻；蘿蔔一隻；香菜旱芹各一莖；還有丁香二隻，胡椒六粒，再燒一小時，在離火時候，加鹽一茶匙，等油冷去後。吃時燒熱，可加蛋白一隻，攪之使滾一刻鐘，用細布濾過；使之色潔淨像蜜蠟，或者加色利酒也可以的。

(3)白料湯(White Stock)牛股肉一斤，切成小方塊，加牛酪一湯匙，煎黃雞一隻，洗淨切塊，一同放在燒罐裏，再加冷水四大碗，用文火燒五小時。隨時撇去浮沫，取葱頭一隻，蘿蔔半個，香菜旱芹各一莖，切碎，用牛酪一匙，煎黃；及丁香三隻，胡椒三粒，肉桂一方寸，桂葉一塊，茴香少許，鹽一茶匙，一同加進；再燒一小時，然後取出濾過，就成清湯；牛肉雞肉可以作為其他的用處，味既鮮美且膩。

(4)雞料湯(Chicken Stock)用雞一隻，切成小塊；每隻一斤重的雞，加入冷水一大碗，煮三小時。然後加葱頭一隻，旱芹二莖，鹽一茶匙，胡椒少許。再燒一小時，濾淸，就成料湯；雞肉可以作爲別的用處。

【75】:

(5)蘆筍奶油湯 Gream of Asparagus Stock）蘆筍十二莖，燒輭軋細。備料湯一大碗，加入牛酪一匙，麵粉二匙，鹽胡椒少許，調厚燒，再加奶油一杯或半杯。用筷打鬆趁熱上席。青豆、刀豆、菠菜、旱芹等奶油湯，烹調法也是同樣的。

(6)洋葱頭湯（Onion Soup）大葱頭二三隻，切片，加牛酪一匙，煎至輭黃，用麵粉二匙，水一碗，調成薄漿，加入同燒，不停手攪得極熱，再用燒熟搗爛的洋蕃薯三隻，和熱牛奶同調加入（或者用料湯調和）用鹽胡椒調味，燒到極熟，後用篩濾過，上面撒切碎的香菜，並且加方骰形油煎的麵包幾塊，香頭最足。

(7)番茄湯（Tomato Soup）料湯二大碗，番茄一罐，一同倒在鍋裏燒，加桂葉一塊，切碎葱頭一隻，丁香三粒，胡椒少許，約經二十分鐘；濾過，再加打鬆的蛋白三隻。燒到稍滾，再濾過，加熱，用鹽調味，可放入油煎的麵包幾小方，也要乘熱上席的。

(8)蠣黃湯(Oyster Soup）蠣黃去殼，加水一大碗湯之等腮捲起取出，在原汁裏加牛酪一匙，牛奶一杯，麵粉二匙，調成湯料，加熱攪之，將蠣黃放入，燒熱就上席。勿過火，恐怕蟳黃變硬，要失去味道，那就不鮮的。

C 魚類烹調法

(1)烘魚（Baked Fish）須用整魚一條，去鱗剖腹洗淨，用鹽搓之，用碾細的牛奶餅乾（或饅頭屑）二匙，以及斬碎的鹹肉一匙，用冷水調和；加入香菜，胡椒和鹽。這種調和料放入魚腹做餡，外面用木籤插住，用刀劃開魚皮；另外用鹹肉切條圍在劃口，把魚放在烘盆裏，撒上麵粉鹽以及胡椒，盆底放熱水，在爐上烘一小時，澆上調薄的奶油，再撒麵粉，鹽以及胡椒，每十五分鐘一次，等烘熟後，輕輕搬在盆裏，加番茄或別種汁，用香菜裝上西菜魚類，此為最妙。

(2)烤魚(Broiled Fish)用鱉魚或鯖魚鮭魚的小者作為好。先用脂油抹烤魚的鐵格，以免皮肉黏着破碎。烤時候先烤魚的裏層，再烤魚皮，以黃而勿焦為度，大約經二十分至二十五分鐘。上席時配以牛酪以及番茄汁，酌加鹽和胡椒，用香菜或青菜裝上。

(3)煎魚及炸魚(To saute or Fry Fish)須用整個的小魚，或大魚的片，洗淨，以鹽漬之，拌上麵粉。要鍋裏先熬脂油，然後再把魚煎之。等一面黃後，翻轉來再煎另一面。配上貝諾汁，搬到席上。還有炸魚法，將魚肉切片，先塗上打鬆的蛋白，再拌上麵粉或饅頭屑，撒上鹽和胡椒，再放在滾油裏炸之。既黃後，排列在盆裏，配上太特利汁，用香菜裝上。

(4)魚排(Fish Chops) 先將魚或魚片燒熟，放在大盆裏。等冷後可用燉熱的牛酪或牛奶一杯，調上麵粉二匙，鹽胡椒，檸檬汁少許。燒五分鐘後，就加二隻蛋黃，在火上手不停的攪之，到厚時拿起，用匙澆在魚肉的上面，再拌入饅頭屑，作爲排骨的形狀；一端圓，一端尖。等到稍硬，放在鐵勺上，入滾油中炸之，到黃；去掉油，在其尖端用叉穿一小洞，插進香菜，配上番茄汁或荷蘭台司汁，卽成。

(5)捲筒板魚(Rolled Fillets of sole) 板魚的肉，兩面闊有二寸半的，方可以用，每條切成四片。醋醃或鹽漬，約經一小時許，就將魚片抹上牛酪，捲成筒形，扦上木籤，外面塗上蛋白，再抹上麵粉或饅頭屑，放在滾油裏炸，到蜜蠟色，拿出，拔去其籤，配上番茄汁或太特利汁。亦魚類佳味的一種。

（6）魚醬（Fish Timbal）用白魚或鱘魚切成小塊，倒在臼裏杵成魚醬，濾去細骨、每一杯醬加饅頭屑（先在牛奶裏浸軟）一匙，蛋黃一個，葱頭汁，鹽胡椒少許，一共攪勻，再加蛋白二隻，把它打鬆。然後把這醬料倒入模子裏，上面用油紙蓋住。另外用盆子盛熱水，把模浸在裏面。這樣可以放在爐上，用文火燒二十分鐘，勿使水滾。既熟，放在熱盆裏，四周配上番茄汁，就可盛起。

（7）魚球（Fish Balls）魚醬一杯，加牛酪一匙，麵粉一匙，牛奶半杯，調勻加熱，再放進打鬆的蛋一隻，以及鹽胡椒調味，等到稠凝，再用勺滴進滾油裏炸之使鬆，即成魚球，個中味道很美。

（8）奶油鯖魚（Creamed Mackerel）先將鯖魚浸在水裏一晝夜，除去其鹹味。因放在淺罐裏，如進奶油，和麵粉調和的汁，以蓋過魚面爲度燒二十分鐘。等魚既酥後盛在熱盆裏，上面加胡椒香菜和白汁少許，不可過多。

（9）烤鮭魚片（Broilep slices of salmo）鮭魚片先用醋醃，大約經一小時後，乃抹上牛酪烤之等兩面全黃後；撒上鹽與胡椒，配上切開的檸檬。

(1)烤沙丁魚(Broiled sardines)沙丁魚是罐頭品。開罐拿出，用烤器烤之，每面約烤三分鐘就足夠了。另外備烤熱的麵包，每塊剖開，中間夾三條魚，用罐裏的油汁，潤在麵包上面，可以同吃。

D　介殼類的烹調法

(1)烤龍蝦(To Broil a Lobster)沿龍蝦的背脊方面，用快刀剖開，除去腸胃，連殼切成兩片，拌上牛酪，放在架上烤之；殼向下，約經半小時許就熟，再抹以牛酪，鹽和胡椒。其爪節用箝夾開，乘熱搬到席上，鮮美無倫。

(2)烘龍蝦 (To Bake a Lobster) 照以上的方法剖開，切成兩片，抹上牛酪，麵粉放在烘盆上，約烘四十分鐘。在半熟的時候，再用熱牛酪抹上。烘好，撒鹽和胡椒。

(3)蠣黃 (Oyster) 蠣黃須先用滾水澆之。剝開了殼，排列盆上；其開殼的口處。盆的中間用香菜或檸檬片裝上。另外備麩皮饅頭烤熱，拌進牛酪，和蠣黃一同上席。

(4)煎蠣黃 (Saute Oyster) 要將蠣黃十二隻，去殼濾乾，用鹽，胡椒調味，拌進細饅頭屑，煎鍋先將牛酪烊開再放蠣黃。煎到蜜黃色，再放在烤熱的饅頭上，也要乘熱上席的。

(5)軟殼蟹 (Soft shell Crobs) 先把蟹洗滌乾淨，去腐腮及腸胃，晾乾，撒鹽以及胡椒，拌上麵粉。煎鍋中多抹牛酪，把蟹放下，兩面煎之。到紅熟，放在熱盆裏，再用香菜裝上即成。

(6)菌餡蟹 (Stuffed Crabs with Mushrooms) 蟹三四隻，洗淨，取肉留殼。再用同量的菌，切成細粒。煎鍋裏先烊牛酪一匙，再加麵一匙，碎葱頭數片，同煎。勿待其黃，就加牛奶一杯，燒熟的蛋黃二個，一同調和，使其稠滑。這調和料，加進鹽胡椒和檸檬汁，與蟹肉碎菌相互拌和做餡，裝在殼裏，合上其口。在殼抹打碎的蛋，拌細饅頭屑，用鐵絲瓢入滾油中炸之，約五分鐘便可熟。(或在爐裏烘之，殼上但是抹上牛酪與調薄的麵粉糊，不必用蛋。)

E 肉類的烹調法

(1)牛肉紅燒（Warmed over Beef） 牛肉切成薄片，去油，先在燴罐裏放牛酪一匙，麵粉一匙，煮之。等到略現黃色，加料湯一杯，威斯脫醬油及菌醬各一茶匙，鹽及胡椒少許，再加入牛肉片燒到極酥，放入熱盆裏，並把原汁倒進，以克羅吞爲飾，極爲美觀可食。

(2)烤牛排（To Broil a Beef steak）將牛肉切塊，大約一寸或一寸半厚，都可兩面先用醋和牛酪抹之，放二小時。然後將烤器烘熱，抹上油，將牛肉放在上面，先烤於火力最猛的地方約經十秒鐘，反轉來也如此。這是因爲其表面一層得火而焦乾，肉汁閉留於肉裏；以後乃移向火力稍弱的地方，兩面烤之，須經過十秒鐘，反轉一次，那末肉色必定平均，肉汁不洩。烤的時候的長短，看肉片的厚薄而定。大約烤十分鐘至十五分鐘；待肉片中部呈現高聳，以手指觸之，覺有彈力，是火候已足。烤完後，撒鹽以及胡椒，並且抹上牛酪。用檸檬片或香菜，水芹裝上，和炸番薯球一同上席便好。

(3)牛肉非列（Fillet of Beef）非列用牛腰部的肉，去皮切片，約厚一寸左右。烘盆裏預放猪油熬烊先鋪碎葱頭蘿蔔片旱芹等一層在盆底非列便放在上面加料湯一杯，鹽半茶匙，胡椒丁香桂葉各少許。約烘半小時再拿出，濾過其汁；就在濾清的汁裏，加進牛酪，麵粉各一匙，攪之，酌加料湯。燒到極沸，加罐頭菌半罐，燒五分鐘，至菌嫩汁稠濃爲度。吃時把非列排列盆裏，用汁傾入，菌面向上，圍繞非列旁邊。

(4)燴牛尾（Ox-tail, Stewed）牛尾一條，洗滌乾淨，切成寸半長，直剖開，放在熬烊的牛酪裏，煎至極黃，將牛尾拿出，加麵粉二匙，碎葱頭一隻，隨攪隨煎，到現呈黃色爲度。放進料湯一碗，丁香，茴香，蔻殼，桂葉等香料適宜。燒至極滾，將牛尾放進，燴二三小時；等到已酥，加鹽胡椒調味。把牛尾排列盆裏，倒進原汁，並且用檸檬一匙淋其面；另用克羅吞或煮熟紅蘿蔔裝上即成。

(5)燴羊肉（Mutton Stewed）取羊肉的瘦的一斤，切成方塊，放在燒罐裏，加牛酪二匙煎黃；再加水一大碗，切片葱頭二隻，燒兩小時；再加紅蘿蔔數片，番薯數枚，鹽胡椒少許。再燒一小時，加威斯脫醬油一匙，其汁格外濃厚柔膩。

(6)羊排骨(Mutton Chops)羊胸或羊腰的排骨，切一寸厚，大小相等，用烤器在火上烤之，約經十五分鐘就熟。然後抹上牛酪，鹽以及胡椒。放在盆裏，使相接成圈，加刀豆，苛豆，或小番薯球在圈的中間或圈的邊上。還有一種方法，用爛熟的番薯，捺成柱形，把排倚在上面，骨的兩端，用花紙做裝飾，美觀和口味均佳。

(7)烘火腿(Baked ham) 把火腿預先放在冷水裏浸過洗淨。燒二小時後，拿出去皮，放在慢爐上烘兩小時，隨烘隨淋上脂油，再用餅乾屑以及赤糖，加色利酒調成糊狀，塗在火腿面上，再放在爐上烘之，到發黃色爲度。

(8)火腿蛋(Broiled ham and Eggs)用火腿切了薄片，在火上烤數分鐘後。另外用猪油烊入煎油，把雞蛋去壳放下，隨用鍋裏的油淋蛋面，待蛋的邊稍黃，蛋黃尚軟的時候拿出，每一個煎蛋，配一片火腿就對。

(9)咖喱牛尾(Curried Cx-tail) 用牛尾切開，和洋葱頭片，一同放在已抹牛酪(或猪油)的煎鍋裏，煎黃。另外再備煨罐，加牛奶二杯，水一杯，桂葉一片，用牛尾放入，大約煨二小時半，撇去浮油。另外再用冷水調咖喱粉一茶匙，玉蜀黍二茶匙，又加進攪和。最後加鹽以及胡椒，與飯一同上席的。

F　鳥類的烹調法

(1)烤雞 (Broiled Chicken) 烤雞須用沒有產過蛋的童子雞，從背部切開，去腸以及胸骨，揩淨(不用水洗)撒鹽及胡椒，抹上已烊的牛酪，在烤器上反覆烤之，約經三十五分鐘，以皮黃為度，再加上牛酪，放在熱盆裏，用香菜及檸檬片為飾。

(2)燒雞 (Boiled Chicken) 老雞以燒為適宜。用麻線將雞紮緊，倘用餡則塞在腹中，腹部用線縫好，放在滾鹽水裏煮之，約一小時後取出，除去了線，胸部以白汁撒鹽及胡椒，用香菜為飾，配以班內斯汁。西餐的雞不煨煮，出湯來，概作其他菜內應用的。

(3)雞沙佛雷 (Chicken Souffle) 先將雞肉斬碎，大約一杯。先用已烊的牛酪及麵粉各一匙，在煎鍋裏調煮之極黃；添上牛奶一杯，鹽半茶匙，洋葱頭汁少許，調和。大約存汁一杯，就倒出，攪進蛋黃三隻，將碎雞一杯加入。用這些做料，在火上調數分鐘。蛋稍凝厚，就取出候冷，上抹牛酪一層，使不起殼。臨上席時，再把打鬆的蛋白三隻，調入冷雞食料裏，再倒在布丁盆或紙盒裏，放在爐子裏烘了二十分鐘，可立刻上席，遲要變味的。

(4)飯燴雞 (Fowl Stuffod Witn Rice) 欲把雞除去腸胃，紮緊放在煨罐裏，加料湯一大碗燒滾。另外用夏布包切碎的洋葱頭二隻，芹菜二枝，還有香菜，茴香，桂葉等香料適宜，一同放入罐中，蓋緊。煮一小時後，加入淘淨的白米四兩，鹽半茶匙，用文火燒之。等米與雞都熟，這些悉數被飯收入，然後將洋葱頭取出，撒鹽以及胡椒少許。把雞放在盆裏，飯就圍雞旁吃的。

(5)烘鵝 (Roast Goose) 用沒有產蛋的童子鵝一隻，洗淨，去胃腸，用洋番薯，葱頭，牛酪，鹽，胡椒等做餡，塞在腹中，外用麻線紮緊，塗牛酪及麵粉一層，放在烘盆裏，可用白汁淋上，約烘二十幾分鐘就熟。上席時更配以蘋菓醬，其味更鮮。

(6)烘鴨 (Jame Ducks) 烘鴨亦以童鴨為宜，其紮縛，塞餡，及烘法，都和烘鵝同；不過在上席時，要配以橄欖汁方好。

(7)烤山雞(Pheasant Broiled)用山雞一隻，切成方塊，撒鹽及胡椒，放在煎鍋裏，加牛酪或猪油煎之略黃，取出等冷用饅頭屑及牛酪抹之，在文火上烤，時常抹上牛酪。大約烤十五分鐘，取出放在熱盆裏，列成金字塔形狀。另外用湯盆，配以披昆特汁（Piguantte Sauce)或別種汁，均可以的。

(8)燜鴿 (Pigeons "En Casserole") 要取嫩鴿，去羽毛及腸胃洗淨。每一隻鴿子，紮鹹肉一片。燜盆中先放二匙牛酪，一只碎葱頭，再加鴿蓋住；放在爐子裏燒十五分鐘，加牛料湯二杯，蓋過鴿面等燒到鴿酥，大約一小時到二小時，再加麵一匙，鹽及胡椒少許，調汁濃厚，香聞一室。

(9)吉列鴿（Pigeons Grilled）鴿子要由背部切開，去腸胃，洗淨。揩乾，泠好。用橄欖油抹之，撒鹽及胡椒，架在火上烤十五分鐘後，配以番茄汁或菌汁亦好。

(10)烤鵪鶉 (Broiled Quail) 鵪鶉亦由背部切開，去腸胃，洗淨，揩乾，撒鹽及胡椒，抹牛酪與麵粉，放在火上烤十分鐘，配列在牛酪烘饅頭上，用芫荽爲飾。烤鴿子和小鳥，其方法是一樣的烹調。

G 蔬菜烹調法

(1)煨生菜(Lettuce Stewed)先將生菜去泥及根和萎葉，洗淨，紮其葉，放在烘盆裏，加料湯，蓋住，在爐上熬三十分鐘，使酥。取出濾過，以生菜二層疊在熱盆裏。原汁用玉黍粉調厚，再加牛酪，鹽，胡椒，攪勻，倒在盆裏，一同上席。

(2)煑椰菜(Boiled Cabbage) 把椰菜切開，剝去外葉及硬心，洗淨，濾去水分，燒罐中，先加水及蘇打鹽少許，煑沸，再加入菜，勿蓋住，燒二十分鐘，將菜取出。起初是大塊；在燒罐裏加入牛酪，牛奶，麵粉，鹽，胡椒，調成白汁。布丁盆裏放菜一層，上面蓋饅頭屑一層；再放第二層菜，再蓋饅頭屑，如果汁液透出，就是熟了。吃時可原盆上席。

(3)煑菠菜(Spiuach Boiled)菠菜去根和梗，洗淨，放在燒罐裏，加水，蓋過菜面，再加上鹽少許，勿用蓋蓋住，燒了十幾分鐘。另外用牛酪，調以麵粉，胡椒，在煎鍋裏調成稠汁，與菠菜一同放在熱盆裏，配以雞蛋或烤饅頭。

(4)蘆筍(Asparagus)須擇鮮嫩者加以切實,紮成一束,放在鹽水中燒二十分鐘,使酥透,放在烤饅頭上,配以牛酪白汁,或荷蘭台斯汁,味淡而鮮。

(5)有餡茄子(Stuffed Egg-Plant)茄子煑二十分鐘,使之酥透,横切其近蒂的一端,取出其瓤,捺碎,調以牛酪,鹽,胡椒,仍舊塞在茄子腹中,或去瓤,塞以肉膾。外面再拌上牛酪與饅頭屑,煎到極黃,便可食的。

(6)有餡辣椒(Stuffed Poppero)把靑辣椒揀其嫩者,削去其底,去子和筋,浸在沸水中五分鐘後,撈出。用肉膾,饅頭屑,牛酪,鹽,洋葱頭汁,同調做餡,塞在辣椒。每隻塞完,放在烘盆上,加水或料湯;蓋過其面,放在爐子裏烘了半小時。盆中的汁,用豆粉調厚,另用熱盆,把汁倒在辣椒旁邊,就要起鍋。

(7)黃瓜(Cucumbero)煑黃瓜去皮與子,剖而爲四,在鹽水中煑酥,去水;再放在奶油白汁中熱透,撒香菜爲飾,也是津津可口。

(8)靑豆泥(Puree of pras)靑豆在鹽水中煑酥,捺碎篩過,用熱牛酪,牛奶和糖調之，裝成了花樣，美觀很足。

(9)栗子泥(Puree of Ghestunt)栗子去殼，浸在熱水中十二分鐘，剝去其衣，放在鹽水中煮酥，搽碎過篩，用牛奶與奶油或湯料調溼。

(10)番薯(Sweet Potatoss)番薯洗刷去泥，放在沸水中煮酥，去水，用布蓋住，擱在熱爐的邊上，約十分鐘後，再去水分及皮上席。

(11)炸番薯球(Fried Potato Balls)番薯去皮，用刨刀刨成球形，放在沸油裏炸之，用作配烤肉最爲適宜。

(12)煎番薯(Fried Potato)煎熟的番薯，用起槽的刀切之成片，與牛酪一同入煎鍋，煎到兩面黃，你如果要脆，可拌上麵粉後，再煎，那是又脆又香。

H 汁類調製法

各式的肴饌，配上好的汁，則其味格鮮美。最簡單的是白汁，可以多配種種的肴饌，此外則看適宜的用之。

(1)白汁(White Sauce)牛酪一匙，煮滾，加麵粉一匙，調五分鐘，移置冷處，添上冷牛奶一杯，攪之使稠滑，用鹽胡椒調味。那末配在各種魚肉等類的菜蔬內，更加是錦上添花。

(2)黃汁(Broun Sauce)牛酪與切碎葱頭各一匙，煎黃，加麵粉一匙，也要煎黃。煎時不停手調之；再加以黃色料湯一杯，煮至極厚，用鹽胡椒調味，極有助烹調的功用。

(3)蠣黃汁(Oyster Sauce)蠣黃和水同煮至腮捲時取出，照前製白汁法，用蠣黃的原汁代牛奶的用處，上席時始將蠣黃加入。這汁配魚和雞亦佳。

(4)辣芥汁 (Caper Sauce) 白汁一杯，加辣芥二匙。這汁配羊肉，用北方人最好。

(5)芥末汁(Mustard Sauce)麵粉牛酪各一匙，一同調和，加料湯一杯，芥末二匙，糖醋各一茶匙，鹽半茶匙，一同煮十分鐘。用這汁配烤肉烘肉等。

(6)咖喱汁(Curry Sauce)牛酪一匙煮滾，再加麵粉一匙，咖喱粉一匙，葱頭汁一茶匙，一同調和，煮十分鐘後，再調入牛奶一杯。用這汁再配在雞或雞蛋，是極妙的。

(7)旱芹汁(Celery Sauce)旱芹切斷,大約半杯許,放在鹽水裏煮酥,加入白汁一杯。用這種汁配着燒雞最鮮。

(8)香賓汁(Chanpagne Sauce)用香賓酒一小杯,糖一茶匙,丁香,桂叶,胡椒少許,一同煮數分鐘,加入黃汁或菌汁一杯,再煮十餘分鐘,濾淸後用用這汁來配火腿。

(9)荷蘭台司汁(Hollandaise)牛酪二匙,與打鬆的蛋黃一隻,檸檬汁,鹽,胡椒少許,加熱水一杯,調勻後,放在熱水裏攪成像厚奶油樣。冷後再配魚肉等。

(10)番茄汁(Tomato Sauce)牛酪,碎葱頭,紅蘿蔔,各一匙,同煎。待稍黃,調入麵粉,加番茄半罐,香菜一匙。煮到茄酥,濾過,用鹽胡椒調味。用這汁配以肉類。

(11)菌汁(Mushroon Sauce)牛酪,麵粉各一匙,煎黃,加料湯一杯,罐頭菌一罐,檸檬汁一茶匙,煮到菌熟,再加碎香菜一匙,鹽,胡椒少許。用這汁應該配牛排以及雞等均好。

I 布丁的調製法

(1)製果子布丁的簡易法 布丁模子的四圍,先用牛酪抹之。用菓子的多汁者,像波蘿蜜桃，或香蕉等，切成薄片，鋪在裏面，上加蛋糕一層，再鋪菓片一層，蛋糕一層，相隔到滿模爲止。但是頂上一層，必須用蛋糕鋪的。再把雞蛋打鬆，加牛奶，白糖，調味，用匙將蛋澆在模裏材料上面，待溼透爲止。放在快鑪上，蒸二三刻鐘。上席時另用現成的菓子漿，倒在上面，趣味倍加濃厚。

(2)製粉凍布丁的簡易法　洋菜二兩，用冷水二杯，浸半小時；另外用牛奶二杯，再加糖三匙，燉熱溶烊，加入洋菜，以溶化爲止；即刻離火。再預備水菓二三種；像去皮葡萄，覆盆子，香櫞片，檸檬片等，在離火的時候，加入調和，一同倒在布丁模子裏；等到凝結，倒出用各種香酒調味。

(3)蘋果布丁(Apple Pudding)　麵粉須用二杯，加倍肯粉二茶匙，鹽半茶匙，猪油一匙，牛奶二杯，調成厚麵糊；另外再拿蘋菓薑，裝在布丁模子裏，大約到模子的一半，以糖膠豆蔻調入，再將麵糊倒在上面，放在沸水鍋裏蒸過一小時；配以牛酪他種汁上席。

(4)玉黍粉布丁(Corn-Starch pudding)玉黍三匙，糖三匙，用鮮牛奶一杯調和，另外用牛奶一杯，煑稍滾，把調成的玉黍糊粉倒進，煑十分鐘，至凝厚，加入打鬆的蛋白三隻，略煑之，即刻離火。把罐頭果子，像櫻桃，楊梅，覆盆子等，加入調勻，倒在模子裏，等到凝結，配以果子原汁上席，其味不言可知了。

(5)麵包布丁（Bread Pudding）用乾麵包屑或薄片浸在牛奶裏，捺爛打滑，倒在方模子裏，隔一層用葡萄乾鋪之，鋪滿，用蛋黃與糖調勻，加在其上，放在文火上烘二三十分鐘，倒出後，盛在平底碟子，配上牛酪或素布丁汁，均可適用。

六 雜食的調製法

A 糖食的調製法

(1)藕粉要買稍老的藕，放在石臼裏，用槌細細槃碎。既碎之後，搬在籃裏，把籃貯入清水桶內，攪拌，再把這桶裏的液汁，倒入棉布做的袋裏，濾出液汁，貯於缸中，拋棄袋裏的殘渣。這濾出的液汁，應該時常攪拌，大約兩天後；方能使之沈澱。然後把其上面的清水倒去，把這沈澱再浸在清水裏。大約經過一晝夜，再倒去上面的水，這樣做了幾次就是良好的藕粉。山芋粉的製法也是相等的。

(2)製桂花糖在桂花落時，可將花敲幾下，把花聚集在桌上，除去花柄和雜物後，浸在濃厚的鹽水裏。經過二十幾小時以後，把桂花濾出陰乾，然後用糖拌之。糖的多少並不一定，大約比桂花多就可以了。這樣所製成的糖，他的馥郁的香味可以永存。就是糖裏的桂花，雖經過長久時期亦不變的。

(3)山楂膏將山楂除去皮核，每觔加白糖四兩，搗成山楂膏。

(4)木瓜浸漬將木瓜切去了皮，使其煮得極熟。多換浸之，以去酸澀的味道，然後用生蜜煎熬，熬過後就將木瓜晾乾，貯藏在蜜瓶裏，雖然經過很長久時間亦不會壞；而且香馥和起初一樣。

(5)糖梅揀青梅圓正的，用礬湯浸過一夜；去礬水，再將醋調砂糖，一同浸一二小時。等酸水抽出，就濾去糖醋水，再用糖浸三四小時，纔能放在瓶裏，再把糖加在瓶面，用泥封口，可以歷久不壞。

(6)糖炙香櫞，香櫞皮肉酸味苦，不能夠生吃的，必須用糖炙之方可。方法：將香櫞剖開，使其皮肉分離。將皮切成薄片，先在攝氏表一百二十度的水中煮之，以除去其苦味。然後濾出使其冷却；待冷却後，和肉一同混合，去其核，放在鑊裏同時再加入白糖糖的數量，每香櫞一斤，糖十二兩；用攝氏表一百四十度的火力煎炙之。大約經過三十分鐘後，可以將溫度漸次減低，到攝氏表七十度爲止。等水分蒸散，而呈現極濃的膠質形狀，纔始可以停火。然後倒進缸裏，等到冷後。取出食之，味甜而沒有酸苦味了。

(7)桃酢把爛熟的桃子，納藏在甕裏，蓋口七天，除去皮核，再密封二十多天，就酢成；其滋味，香美可口。

(8)雪花酥酥油下小鍋烊開，濾過。把炒麵粉隨手放下，攪拌調勻，不稀不稠，掇離火。酒白糖最後放下，在炒麵粉裏攪勻，成一處，拿上桌子插開，再切成象眼塊。

(9)沙團一把沙糖混入赤豆或菉豆，成一糖團，外面用生糯米粉裹作大團，用蒸籠蒸熟，或放在滾湯裏煮熟都可以的。

(10)白蓮片五六月的時間，白蓮花盛開，採取其初放而沒有疵的花瓣，蘸上雞蛋白和稀麵漿，放在油鍋裏炸之。等到顯出微黃色後，再加白糖在上面，吃了香脆可口。假使用肥大的菊花照這方法製成，那末其香味格外濃烈。

(11)玉蘭片和玉蘭花就是木筆花；在正二月盛開，採取純白而沒有疵點的花瓣，用麵粉和雞蛋白攪拌成漿，加白糖少許，把花瓣蘸滿麵漿，放在油鍋裏炸之，香脆可口。

(12)香蕉餅取麵粉調和冷水，把搗爛像泥的香蕉，加入和融；再加黃白調勻的雞蛋和白糖少許，(分量自己斟酌)和作厚糊形狀，納進木質模型裏壓之就成餅的形狀，然後放在雞油或猪油鍋裏煎之；等顏色發黃，便成爲香蕉餅，亦屬香脆有味。

(13)楊梅餅用麵包屑兩杯半，泡在一斤牛奶裏，等到軟的時候，再加糖半杯，鹽一小勺，雞蛋三隻，檸檬皮一撮，奶油一勺，用湯勺先攪拌。攪勻後，再倒在極平淺的洋鍋裏，(鍋裏預先必須擦香油少許。)再放鍋子在微弱的火上。大約經半小時，就可以從鍋裏取出，放在冷石板上。然後把捶碎的果物，鋪在面上，再放在鑪烘炙。見其黃時，用楊梅漿灑在上面，就成為楊梅餅，香聞戶外。

B 小菜的調製法

(1)有一種春不老的製法，是揀經霜後的青菜十斤，蘿蔔十斤；(勿用凍過)炒鹽六兩，橘紅三四隻，(須用蜜橘)炒茴香少許，研成為細末。先洗青菜，剝去大菜，攤在通風的陰涼處；或恐菜叶發黃，便可以掛在空中。再將蘿蔔切成條，用麻繩貫穿之。過冬至後，掛在通風的屋簷下，大約經過十幾天，仍須用冷水洗清，切成長約二三分，稍洒點鹽，放在敞口的缸裏，用力揉之，把菜水倒去。再解下風乾的蘿蔔，放在開水裏泡過，也倒去餘水，取出斷之，像骰子般大小。乃把蘿蔔拌菜，仍舊揉緊，第二天裝在罈裏，再洒鹽，並且糝和橘紅茴香的末，很緊的裝妥，不使空氣進去，上面塞稻草，合覆在陰乾地方；在不論什麼時候，可以拿出來吃，最是家常必需之助食品。

(2)五美薑嫩薑一斤，切片，白梅半斤，打碎去仁，炒鹽二兩，拌勻。先晒三天，再放入甘松一錢，甘草五錢，檀香末一錢，再拌晒三天卽成。

（3）皮蛋先用菜煎湯，投竹叶數片，待温將蛋浸洗。每一百個蛋，用鹽十兩，粟柴或青柴灰五升，石灰一斤，醃進罈裏。三天後取出，上下倒換，再裝入。過三天後，再上下倒換。這樣做了三五次，封藏一月後，就成皮蛋，色發黑。

（4）晒淡筍乾：鮮筍去皮切片，放在滾湯裏煮之。煮後晒乾收藏。吃時候用米泔水浸軟，再用鹽湯煮之，就是醃筍。

（5）醬瓜：採三四寸長像手指大小的嫩黃瓜，洗淨去刺，曝在太陽下半天，用鹽抹塗。過了一夜，再晒半天，投入新製的麵醬裏。經過二星期後，就可以取出來吃；其味甘而嫩，很適胃口。若用大黃瓜破開去子而後醬的，沒有這樣鮮美，因爲子也鮮的。

（6）四川有泡菜，泡鹽菜必須用覆水罈。這罈有一外沿，像暖帽式，四周可以盛水。罈口上覆一蓋，浸在水中，勿使空氣入進。泡菜的水，用花椒和鹽煮沸，再加燒酒少許。凡是各種菜，都可以用，尤其是用缸豆、青紅椒格外鮮美，並且可以經過長久。然而必須把菜晒乾。

假使有霉花，加燒酒少許。每次加菜，必須加鹽少許；並且加酒，方才不會變酸，罈沿外水，隔天一換，勿使其乾涸，不然就不潤澤，也乾燥無味。

(7)糟菜取陳酒糟，每斤加鹽四兩拌勻。把長梗白菜洗淨去叶，架在陰處晾乾水氣。每菜二斤，用糟一斤；菜一層鋪糟一層，隔日一翻騰。等熟後取出食之。

(8)鹹蛋用稻柴灰六七成，黃泥三四成；灰泥拌成塊。每三升泥灰，配鹽一斤，用酒和泥塑蛋。把大頭向上很緊密的排在罈裏。半個月以後，就可以吃。但是含泥不可用水，一用了水那蛋白要堅實了，這也是家常必需的物品。

(9)要用瓮菜十斤，炒鹽四十兩，用缸醃之。一層菜，一層鹽。醃三天取出，把菜放在盆裏，揉一次，將菜另過一缸：鹽滷拿起聽用。再過三四天，再將菜拿起，要揉一次，將菜另過一缸，留鹽汁聽用。這樣做了九次，都放在瓮裏，一層菜上洒小茴香一層，再裝菜這樣緊緊實實裝好，把前所留的菜滷，每罈澆三碗，用泥封口，過了年就可以吃。青菜的醃法略同。

(10)還有一種五香鹹菜，把好的肥菜削去根，與摘去黃葉，洗淨晾乾。每菜十斤，用鹽十兩，甘草數根，用乾淨的甕盛之，將鹽撒入菜裏，排在甕中，放下蒔蘿茴香，用手按實到半甕，再放甘草數根，等排滿甕後。用大石壓定。醃過三天後，把菜倒過，換去滷水，另放在乾淨的甕裏，將滷在菜中，等過七天，須照前面方法再倒，用新汲水渰浸，仍舊用大石壓住。菜味香脆，用花椒更加好的。

(11)風芥菜，將芥菜肥的不可經水，晒到六七分乾，去葉，每斤用鹽四兩。醃一夜拿出，每根紮成小把，放在小瓶裏，倒瀝盡其水，并前醃出水同煎，取淸待冷，再入瓶封固。亦是香脆的。

(12)醃冬菜，不論芥菜，白菜，晒晾到乾燥，切碎。每菜十三斤，用鹽一斤；假使菜不十分乾燥，每十三斤用鹽一斤，(如果要菜鹹可以酌量加鹽)加入花椒炒過，研末少許，把菜擦透，入瓦罐盛滿，等菜滷滿出爲度。放二三天，看罐內菜滷收入，用稻草打辮捲緊，塞住罐口，倒放在泥地上，使之沾着地氣。一個月以後，就可取食，終年不得敗壞。

C　醃臘的調製法

(1)香腸，香腸是用豬腸做成的，用半肥瘦的肉十斤，小腸半斤。切肉像棋子大小，加炒鹽三兩，醬油三兩，酒二兩，白糖一兩，硝水一杯，花椒小茴香各一錢五分，大茴香一錢一共炒過研成細末；葱三四根，切碎和入。每肉一斤，可裝五節，十斤肉可裝五十節。很有濃烈的香味，作下酒物最佳。

(2)風肉，取新宰殺猪一隻，斬成八塊；每塊用炒鹽八錢，細細揉擦，使之沒有地位不擦到，然後高掛在有風而沒有太陽的地方。偶然有虫蝕，可用香油塗搽。（週圍抹油少許，不引蠅蚋）夏天取下來吃，先要放在水中一夜再煮；水量適以蓋過肉面爲度。削片時，也須用快刀橫切，不可以照肉絲順斬，方可適宜。

(3)風魚，風魚用青魚等剖去肚腸；每斤用鹽四五錢，醃七天，取出，洗淨揩乾。在腮下切一刀，將川椒，茴香加炒，擦在腮裏和腹部，外用紙包裹，再用麻皮扎成一個，掛在當風地方。使之陰乾，取食時，先用水浸過一晝夜，方好燒煮。

(4)冬天醃肉，冬天醃肉，先用小麥煎滾湯淋過，控乾；每斤用鹽一兩，擦醃二三天，翻

【103】

一度，半月以後；放進好醃糟，醃一二夜，取出甕來，用元醃汁水洗淨，掛在清淨房間裏沒有烟的地方。二十日後半乾燥時，便用厚紙封裹，用淋過汁與淨乾灰，放在大甕裏。一層灰一層肉，裝滿蓋緊，放在涼爽的地方；經過一年後，仍舊像新的一樣。（煮時用米泔水浸一小時，刷盡下鍋，用慢火煮之，當然有味。

(5)夏天醃肉一斤，須用鹽一兩；將鹽炒熱擦肉，使軟勻後，放下缸裏，石壓一夜後掛起。看見有了水痕，便用大石壓乾；掛在有風的地方。不致有虫蝕之虞。

(6)蟶鮓蟶一斤，用鹽一兩，醃一伏時期。然後洗淨晒乾，布包住用石壓，加熱油五錢，薑橘絲五錢，鹽一錢，葱絲五分，酒一大盞，飯粉一合，磨米拌勻，放在瓶裏，用泥封口後，十天後便可以吃了。

(7)醉蟹八九月的時候，揀團臍的大小合中者，洗淨擦乾，用花椒炒細鹽，納進肚臍裏，用麻皮四週紮住，藏貯在罈裏，罈底放皂角一段，加酒三成，醬油一成，醋半成，浸蟹在裏面；滷必須要和最上層並齊。每層加飴糖二匙，鹽少許，等裝滿以後，再加飴糖，然後用膠泥緊閉罈口，待半個月後，就很入味。

(8)醬肉用瘦肉四斤抽去筋骨，用醬一斤半，研細鹽四兩，葱白細切一碗，川椒，茴香，陳皮各五六錢，用酒拌各粉，幷肉如稠粥，放在罈裏封固，晒在猛烈的太陽下。過了十幾天以後，啓蓋察看，乾再加酒，再加鹽，不可使之太乾。

(9)糟蟹蟹久留及見燈光都沙。但在糟時候用皂角一寸，放進瓶裏，那末就不會沙；或者用吳茱萸少許，納入瓶裏，經過一年也不會沙。這就叫研究的秘訣。

(10)酒醃蝦將大蝦洗淨，瀝乾，剪去鬚尾，每斤用鹽五錢，淹半天。然後瀝放在瓶裏，每一層蝦，放花椒三十粒，以椒多為妙；或用椒拌蝦，裝進瓶裏，也可以裝完。每斤蝦可用鹽三兩，好酒化開，澆在瓶裏，封好泥頭。在春秋五六天便可成，在冬天十天也就可以吃了。

(11)糟蛋鴨蛋輕輕敲其外殼，用好燒酒和鹽浸之；過五十天後拿出，再用甜酒糟加燒酒和鹽；蛋與糟隔着，貯藏在瓶裏，用泥封固，罈口加一盆覆住，日晒夜露，一百天後就可以成為美味的糟蛋，也很適口。

(12)魚醬用魚一斤，洗淨切碎後，用炒鹽三四兩，花椒一錢，茴香一錢，乾薑一錢，神麯二錢，紅麯五錢，加酒調勻拌魚在磁瓶裏，封好後十天就可以吃；吃時加葱花少許更美。

(13)蝦乾蝦用鹽炒熟，盛在飯蘿裏，用井水淋洗，去除了鹽，晒乾後，顏色紅而不變。

(14)醃蛤蜊用爐灰入鹽醃之，味好且不開口。欲即刻熟，可放在太陽中晒之便可。

(15)醬鷄蛋帶殼鷄蛋洗得極乾淨，再放在醬裏，一月以後就可以食；取裏面生黃而食。

(16)夏天凍肉肉每斤，用石花菜四兩，一共煑熟；等肉冷後，就凍結，也不變味。

七 粥飯點心的調製法

A 調煑粥飯的常識

一個人以粥飯爲最主要的食糧，但煑粥煑飯，須要有相當的經驗與方法才好。若不得法，不是太乾，便是太爛，甚至枯焦。所以煑飯的技術，比製菜還來得重要。飯又分爲稀飯，乾飯兩種——北方人稱粥爲稀飯——乾飯又可以爲白飯，豆飯，菜飯，炒飯，煲飯等數種。粥也可以分爲白粥，菜粥，泡飯，鹽泡飯幾種。我且分列在下面。

(一)白飯煑法　白飯一種，而有各種的名稱，如齊水飯，蒸飯，神仙飯，淘飯等。蒸飯是將白米洗至三四次後，多加水量，先用猛火將米粒煑開，再加入冷水，用竹杓把米撈起，拿竹蒸籠一個，籠底鋪白布，把撈起的米粒平鋪在蒸籠裏，再把蒸籠擱在鍋上，隔水蒸煑，這時水中所留下的米粒，可以煑成白粥，蒸飯時間約需一小時。齊水飯煑法是將米洗淨以後，倒在鍋中加溫水，用手將米擄平，使水線高出在手背以上，將鍋蓋閤上，先用猛火燒煑，把米粒燒開，再用緩火燒約半小時，把柴火退出(不可斷火種)使飯在鍋中燜十五分鐘，便可吃。——普通煑飯都用這個方法，但水的多少，要看米性，大羅圓頭米是少漲力的，須少放些水，尖頭米有漲力，可以多放些水。——又煑齊水飯時，可在鍋口擱一蒸架，把易熟的菜——若燉蛋蒸魚等——或冷的熟菜，排列在蒸架上，蒸熟。神仙飯是把白米洗淨，盛在碗內或筒內，加水，使水高出米上約半寸多，再盛米的盌或筒，在蒸鍋中蒸熟，用猛火約煮一小時便可吃。每一盌可供一人一餐，倘要供給多人，可多裝幾盌。淘飯是拿白米洗淨以後，用熱水泡，約一二小時再撈出，鋪在蒸籠裏，好像蒸飯一樣的方式，蒸過一點半鐘時間，便可吃。但淘飯的米粒十分堅硬，愛吃硬飯的人，原是十分適合的。在煮飯之先，必須將米洗淨，倘然熱水泡過的米，不可再洗一洗，因米便會腐爛了。

(二)豆飯　用青荳剝去莢殼，和米一同入鍋，加鹽少許，方法和煮飯相同。如是老豆，須先將豆和水煮滾，再和米同煮，也有把豆肉和肉粒同入飯中煮熟的，稱爲豆仁飯。一升米和以七八合豆同煮，又煮豆飯須粳米糯米各半相和，吃時方始柔軟有味。

(三)菜飯　未煮飯前，先將青菜加食鹽少許，入油鍋中略焙，再和米加水入鍋，煮法與煮白飯大同小異。

(四)炒飯　炒飯就是將各種葷菜材料和飯混合炒熟，例如蛋炒飯，蝦仁炒飯，肉絲炒飯等。炒飯用的飯是已煮熟的白飯，倘是蛋炒飯，須先把熟猪油把飯炒熱，再將已打和配好味料葱花，或加火腿粒的生雞蛋，倒入飯中炒熟。如蝦仁炒飯等，却須先把蝦仁炒熟，再加入飯同炒。

(五)煲飯　用有長柄的銅質飯罐，在灰火上或煤火上，把飯罐四面轉動着，煮熟的飯，稱爲煲飯，較煮飯還香。

(六)白粥　例如量白米一升，可和水三升，先用烈火將米粒煮開，再用慢火煮約一小時半，在熬煮的時候，切不可用器物在鍋中攪動，普通人怕煮粥時，鍋底的米容易焦枯，便常用羹匙攪動，却不知道米質濃厚，愈攪動那上下的空氣便愈不通，反使容易焦枯，煮粥的米，在下鍋以前，須洗過五次。洗米要用温水，用手洗搓，等米粒已煮開時，鍋蓋不必緊閉，因緊閉鍋蓋，米湯便要噴出鍋外。又煮開米粒後，祇須用慢火，使常保一百度温度便好。不可過度。

(七)菜粥　把米水如煮白粥方法，倒入鍋中煮沸，再將已切細的青菜和入，略煮了十分鐘，再加味料，或先煮菜後下米同煮均可。

(八)泡飯　把已煮熟的飯，加三分的水煮成的，便是泡飯。泡飯的湯，比白粥的湯清薄，米粒比粥粒堅硬，故不及白粥濃厚膩軟。

（九）鹽泡　把泡飯加上各種葷或素的菜料同煮，便成鹽泡飯，比泡飯來得有味。

B　調製點心的方法

（一）中國點心調製法　湯麵的製法——用鷄蛋白調入麵粉裏，又用冷水和麵粉成塊，再把粉塊滾成薄麵皮，拿刀將麵皮切成細條——或寬二分的帶叫做裙帶麵——再把此麵放入沸水裏，待一次沸過，連湯取起，便成湯麵。湯裏可以任意配和味料，或另加煮熟的魚肉鷄肉片火腿片等，若用菜下麵，須先把菜在湯中煮熟後，再把麵放下去。

拌麵製法——把麵在滾水中煮時，用長竹筷攪動，待熟後撈起，再用冷水淋過，再在沸水中略煮，撈起濾乾，放在盌中，將味料或已煮熟的菜拌着吃。在夏天待麵冷後再拌吃，稱爲冷拌麵。

鰻麵製法——用大鰻魚一條，蒸爛後，去骨，用鷄湯和入麵粉中揉勻，滾成麵皮，切成麵條，再加入火腿湯或鷄湯煮吃。

蓑衣餅製法——須用冷水調勻乾麵，不可多揉，將濕粉滾成薄皮後，捲成條形，再滾薄後，用猪油白糖調勻，再捲成條，再滾成薄餅，用猪油煎黃便成。

燒餅製法——用濕麵粉滾薄作餅形，用松子或敲碎的胡桃仁，加糖及猪油和成餅餡，包成糰子，掀扁成餅，餅面鋪滿芝蔴，在火中烤到兩面焦黃為度。

酥餅製法——把熬熟凝結的猪油一碗，用開水一盌攪勻，再和入麵粉裏，儘量揉揑，分成團子形，和核桃一般大，另拿蒸熟的麵粉，和入猪油，搓成團子形狀，略小一圈，拿熟團子包在生麵團子裏面，壓成了長圓形的餅，長八寸，寬二三寸，再折疊成碗一樣，包入餡子，做成餅烤熟，香脆又酥。

猪油糕製法——拿純糯米粉拌猪油，放入盤中蒸熟，加冰糖搥碎和進油裏去，蒸熟後，切成斜方塊。

肉餃製法——把濕麵粉分成胡桃粒一般大，再把粉滾薄，另把猪肉斬成細末，加入醬油葱花做餡子，把麵皮包成半圓形，或在湯中煮熟，或在蒸籠中蒸熟。

水粉湯圓製法——用水將米浸胖，磨成粉，又用這水粉製成湯圓，將松子，核桃，猪油，白糖，做餡子，或用斬腐的肉味料做餡子，搓成團子，放在寬湯中煮熟。（水粉製法，是把糯米在水中浸一日夜，帶水磨成粉，磨時在磨口上接一個布袋，濾去了水，又把粉晒乾應用。）

糉子製法——把上等糯米淘淨用大箬葉包，中嵌火腿或猪肉一塊，或豆沙包生猪油一塊做餡子，包成長方形，用麻繩紮緊，在鍋子裏悶緊煨一日一夜，不可立刻取出，等灶中火種完全熄滅，鍋中熱度減退時纔可取出。

藕糕製法——將頂好的藕粉，用清水調勻，如稀漿糊的形狀，再加入白糖及薄荷——最好將薄荷葉泡水代清水用——桂花等在鍋中煮沸，隨沸隨攪，待漸厚，倒入磁盆內，又將盆坐在冷水中，隔數小時後，凝結成固體，用刀切成了小方形，冷時吃着十分涼爽。（又荸薺糕也是同樣製法的。）

藕餅製法——用一缽將生藕刨成絲，（另有專刨絲的器具，市上各處都可買到。）

【112】

藕絲藕汁混合入鉢中，再加麵粉白糖，略加水調和成不厚不薄的漿，另起油鍋，將二匙藕粉煎成一餅，清香適口。

茄餅製法——把茄子切成絲，再用手揉搓，使茄子的水流出，便將此茄子水和以麵粉及薑絲食鹽等，如製藕餅方法，把茄粉煎成餅。

香蕉餅製法——用冷水調麵粉，又把香蕉去皮搗爛如泥，與麵粉調和，再與黃白調勻的鷄蛋調和，再加白糖成厚漿糊的樣子，倒入木製的模型裏面，壓成餅的樣子，用雞油或猪油在平底鍋中煎成餅。

楊梅餅製法——先用麵包屑兩杯半，泡在一斤的牛奶內，待麵包屑軟後，再加入糖半杯，加鹽小半杓，鷄蛋三枚，檸檬皮一撮，奶油一勺，用湯勺用力攪勻，更倒在極淺的洋鍋裏面——鍋中須先擦少許香油——用微火燒鍋，約半點鐘後，再從鍋中取出，放在冷石板上，再把搗成碎末的果物，鋪在餅面上，更拿到爐上面去烘，見成黃色，再把楊梅漿倒在餅面上便成。

油煠蛋餅製法——把六枚鷄蛋，磕在碗中打勻，加薑米糖酒醬油少許又加冬菇蝦米干貝絲，——將干貝絲盛在盌中加水，先在鍋中蒸軟，連水都和進在蛋裏，先在鍋中將油熬熟，將蛋倒上去，片刻即翻身，再煎成黃色，把鏟壓去油質，刀切成塊便成。

炒掛麵法——將掛麵放在沸水裏，隨放隨取起，再放在冷水裏，取出用葷油炒着，炒成團後，便用醬油蝦子湯少許倒下，那麵團自然會解散。

白蓮片製法——夏季白蓮花開時，把初放開沒有瘢點的花瓣採下，再用鷄蛋白及麵粉調成了薄漿，把蓮花瓣調漿在油中炸黃，再加白糖便可吃。——一切菊花片，玉蘭花片，都是同樣的製法。

高麗蘋果製法——拿麵粉和水成漿，加入鷄蛋白攪勻，又把蘋果切成小塊，中裹豆沙，外包網油一層，浸入麵漿中，取入在油中煎着，便能漲大鬆脆。（倘將蘋果敢用猪油便成高麗肉。倘換上香蕉，便成高麗香蕉。）

湯包製法——湯包要皮薄餡細湯多，先把鮮肉斬成了肉餅，另加洋菜在肉湯中煮成濃汁，待涼後，和入肉餅內攪勻，再用冷水激成凍形，拿來做餡子，一經在蒸籠中蒸熟，把肉凍盡變成爲湯。又把陳海蜇末少許，和在肉裏面，一經蒸熱，也能化湯。

餛飩製法——白麵一斤，鹽三錢，加水搓揑成爲縐粉，再摘成小粒，用麵桿滾薄，切成方形，包肉餡成小朵，在寬湯中煮熟，再又加猪油醬油在湯中便成。

(二)外國點心的調製法　普通鷄蛋餅——烊熟油一大匙於鍋，破二鷄蛋攪之，流入鍋中，別以鷄肉或牛肉五錢於乳油中煎之，切爲細末，納於石鍋，拌勻烤之，烤時須先向翻，再次向外翻，以其形像木葉而止，香脆異常。

甜鷄蛋餅——爲茶果之二種，鷄蛋六個，黃白分置兩器，先攪蛋白發泡，乃以蛋黃和入，用乳油一大匙於油煎鍋中，沸十分鐘後，把蛋注入烤法，如普通鷄蛋餅，入器後，用刀縱切爲二，切面塗以覆盆子或蘋果之醬，其四圍注上等白蘭地酒，燃火烘之，餅類之一。

蛋白糕——預備鷄蛋六個，糖一盃半，猪油半盃，六穀麵一盃，麵包屑一盃半，葡萄酒一匙，檸檬汁一匙，先用糖及油調和之，再置鍋中稍熱，再放牛乳粉及葡萄酒，調和後，再投六穀粉，再用蛋白（蛋黃不用）拌勻，（但蛋白須另用一鉢打透至以箸插之能直立乃止）先以一半注入拌勻後，再將一半注入，加檸檬汁後用洋鐵蒸盤，先塗猪油，將前項物料注入盤內，於鐵灶上烘之，至半熟，糖果子等為之裝飾可矣。

白塔蛋糕——預備鷄蛋三個、白糖一盃半，熟猪油半盃，牛乳半盃，麵粉二盃，葡萄酒匙，檸檬汁一匙，先用糖及猪油調和之，乃將一蛋連黃連白打入，拌勻之，再用一蛋打入拌勻之，又打一蛋，乃以牛乳注入。再注檸檬汁四滴，後置粉攪拌，入葡萄酒適量。

芥倫子蛋糕——預備猪油鷄蛋糖粉，（四者分量相等）另加芥倫子（即葡萄乾）半盃，玫瑰花露半小匙，葡萄酒一小匙，先以糖與油調和，再以蛋黃注入，再置粉及葡萄酒檸檬汁，蛋白另以鉢頭打透，加入芥倫子少許，放進模型或淺盆中烘之。

諸古律鷄蛋糕——（原料）白糖一磅，麵粉六兩，諸古律糖一酒盃半，鷄蛋八枚。（製法）取蛋白置碗中，以筷打至十分鐘久後，到蛋白質成粘性而起泡花，可以停打，加白糖麵粉和諸古律粉於蛋白上，仍用筷拌勻之，拌畢，傾入洋鐵蒸籠裏，（凡參和之物稀薄而成流汁者，要用洋鐵蒸籠厚靭而不流者，概以竹絲籠蒸之）蒸至三刻鐘，糕熟起籠，先於平直烘蒸器敷薄油一層，然後取籠中的糕，置諸烘器，用烈火焙之，不時翻着，待糕黃而發鬆，所含濕氣似乎全乾，（濕氣由蒸時所致）即可離火，冷至半熱，切而食之，香氣滿鼻，味美不可勝言。

杏仁餅——（原料）鷄蛋二枚，白糖一磅，取四分之三，麵二匙，炒杏仁一磅半，生杏仁二兩，（製法）把鷄蛋又殼入一磁盆，用筷調勻，用白糖傾入磁盆，再加麵粉二羹匙，攪勻，另將臼擣碎至成細末為度，傾入盆內，與白糖鷄蛋麵粉調和，取一有花紋烘器，塗奶油一薄層，每製一餅，將盆內混和的物，傾一調羹入烘器，用文火烘之，入爐之後，須時常翻看，至餅脆發黃色，則可離火，此乃印花餅製法，倘餅面不印花紋，可於烘器上鋪白油紙一張，（紙要較餅稍大）將盆面的物，倒於紙上，（每傾約一匙之譜）焙法如上述，不必再寫。

印度鷄蛋搓——（原料）印度麵粉（或尋常麵粉都可）一品脫，牛乳一品脫，鷄蛋二枚，奶油一調羹，番紅花汁一調匙，食鹽一小撮，（製法）取一闊口甑，置於桌上，把麵粉食鹽奶油入甑參和，另將牛乳半品脫，入鍋煮沸，其餘一半以碗盛之，把鷄蛋打破與番紅花汁一同加入牛乳碗內，用筷子攪和，再將煮沸牛乳，傾入甑中，傾後即與麵粉食鹽奶油拌勻，拌時，愈速愈妙，否則麵粉成粒，不便製糕，待甑內的物冷透，再把牛乳碗中混和物，傾入甑中調和，然後入籠蒸之，蒸到將熟時，再入烘器，用文火熯之，待糕乾鬆，即可離火，用以請客須成方塊，此法從英人傳自印度，所以名為印度鷄蛋糕，亦點心中之佳品。

八　飲糖料醬的調製法

A　飲料的調製法

（一）　液體飲料的調製法

(1)咖啡茶先將咖啡末倒在壺子裏，加熱煮滾，大約三分鐘後，倒出濾清，使香味不致於消失。還有一種方法，把咖啡裝在法蘭絨袋裏，放在濾器裏，在上面冲進滾水去，則咖啡就點濾而出。再加入糖調勻便好。

(2)可可茶用可可粉二茶匙，糖三茶匙，牛乳少許（牛乳用裝聽煉乳）冲開水調勻成後。（市上所發售的可可以及咖啡茶，是用糖和可可以及咖啡做成，此外形是白色；用時祇須開水冲開就可以吃的。

(3)荷蘭水荷蘭水的配合，是用水一〇〇分，酒石酸五分，蔗糖十分，重炭酸鈉（就是小蘇打）五分，檸檬油數滴。方法將配合物放入在玻璃瓶裏，加水倒轉那瓶，那末這玻璃球塞就緊閉瓶口。或者用涼水，（煮沸後等涼。）蔗糖，檸檬油，酒石酸等先倒在瓶裏，然後再加重炭酸鈉，方將瓶倒轉。或者不用瓶，就冲在杯子裏，也好。

(4)檸檬水做檸檬水三杯，大約用檸檬二隻，去絡去水，切成薄片，拌蔗糖二兩，再加滾水蓋住，等涼濾過，並且搾取其汁，酌加薑啤酒一杯許。到就飲的時候，杯裏浮檸檬一片或數片均可。

（二）　冰凍飲料調製法

(1)冰淇淋要先把牛奶四杯，隔水煮熟，再用蛋黃六隻打鬆，和糖一杯，一同調勻。調到已經混和然後倒進煮的牛奶放在隔水鍋裏煮後不停手調着注意勿可煮沸到能黏凝匙上爲度當卽離火加入奶油四杯維尼拉香水或櫻酒一匙再調至半冷裝在冰桶裏凝結便成冰淇淋。

附冰桶裝製法要做冰淇淋，必須預備冰桶一隻，桶分爲兩層；外層是木製的圓桶；內層是鉛做的圓罐，罐莖比桶莖大約小一半。罐裏裝冰淇淋原料，其口用蓋蓋密；上面連有曲柄，可以搖動。桶的四周，裝進冰塊。如果要等温度降到冰點以下，每加冰三寸，食鹽一寸，逐層冰鹽相隔，到離罐頂一寸許爲止時，勿再裝上，必要使冰鹽在罐莖之下；不然，恐怕冰融而水流進罐裏。裝置完畢後；將曲柄搖動，鉛罐就在冰裏旋轉，大約搖二十分至三十分鐘時。到末來搖轉應該急，那末冰結越細。倘若要做成各種形式，就可以倒入模內裝成的。

(2)冰菓汁淸水四杯，和糖漿二杯調融，煮十分鐘，再加檸檬汁六滴(或橙子汁)以及維尼拉香水，(或者不用香水也可做)一匙調和，像前面方法的放在冰鹽裏，那末就凝結成冰。

附糖漿製法用糖四分，水一分，在鍋裏加熱溶開，到糖溶化，再熬十多分鐘，離火澄清之，除掉其不純潔的沉澱，就用瓶密儲，以備做冰淇淋，以及冰果汁的用處。凡是用糖漿比之直接用糖，其味細滑而鮮美，且芬芳適口。

(3)菓子凍須用洋菜一兩，在冷水裏浸過一小時，再把糖四兩，和在沸水兩碗裏，加檸檬數片，放在乾淨鍋裏煮幾分鐘；等糖已經溶淨，再加入洋菜攪拌之，將洋菜溶化為度，趕快從鍋裏取出，濾掉檸檬皮以及洋菜中不純粹的雜質，到半冷的時候，和入濾淸的檸檬汁，徐徐倒進在模子裏；外面圍上冰，那末凍結很快。其他像橙子凍，香賓酒凍等製法都是同樣。

(4)果汁凍蘋菓(或山楂)須連皮切成薄片，去心，再加適量的水，以浸沒果肉為度。然後用文火煑之使軟，用布絞取其汁，候冷濾之。再用冷水調藕粉，一同煑之透明，加白糖調融，倒在碗裏，用蓋蓋密，放在冰或冷水裏，大約經過二三刻鐘，就成菓汁凍。飲之清涼沁爽。

B 糖醬的調製法

(一) 菓醬的調製法

(1)蘋菓醬 蘋菓醬就是蘋菓汁和蘋菓煎熬而成的。做的時候，應該買裝瓶的甜蘋菓汁，及容易煑爛的蘋菓。預把蘋菓洗淨，削皮去子，並且將損爛地方割去；再把每一隻蘋菓切成四塊。這時候可以預把蘋菓汁倒進洋磁鍋裏，讓他沸煑，等至菓汁煑到一半，然後再把蘋菓倒下，用急火熬滾，使那些蘋菓，迅速酥爛，不致沉到鍋底。燒了一會，那蘋菓就慢慢的厚膩起來，火力也就應該減退。那時最好用濾器，把已煑的蘋菓清濾一次，(普通的濾器是金屬的；便是一種有銅塗洋瓷的勺斗，倘若不便用，粗紗布代替亦可。)以便將殭硬不化的菓肉濾去，使菓醬容易和勻。既經濾過之後，可將菓醬盛在一隻瓷鉢裏面，再把鉢放在烘灶裏去烘；烘時應該用緩火，幷且用鏟刀攪動，每十分鐘攪動一次，一直到菓醬凝結爲止。至於加糖，可以在攪動的時候，陸續加下去；但是不可太多的，多就發苦了。

(2)梨醬 將梨洗淨切塊，可不必把皮和子削去，就能煑燒。等到煑爛後，用濾器清濾，濾出來的梨和心子，可以丟去。這時方可將燒爛的梨肉，盛在鉢裏，把糖和入。糖的多少，大概照梨肉的一半，假使要加香料，可以趁此攙入。調和好了，再把緩火煎熬，等到慢慢的凝結。熬時也必須要攪動，甜香兩絕。

(3)桃醬把桃子用水洗過，再用縐布逐一揩擦；必須要將皮外的細毛完全揩去；然可不必去皮。煮時稍加一些水，須要用洋瓷鍋，火力應該緩慢，一直到酥爛，可以把它盛起，放在濾器裏面，用東西壓榨，使桃肉濾下；那濾存的桃核與皮，則可以丟却。濾過後就可以和糖；甜味以適口為度。然後再用緩火煎熬，隨時攪動。等它熟凝的時候，顏色是很鮮豔的，裝在玻璃瓶裏，十分好看。惟做桃醬，是用不着什麼香料，因為牠本來含有香質的。

(4)香瓜色有數種，黃白青綠都有，其製醬應該揀那全熟的。先把它去皮和子瓤，然後切成薄片。燒時加些水；也要用洋瓷鍋。既酥以後，再將香料和糖調和，倒入。大約每一夸得瓜肉，應該加糖半小杯，以及檸檬汁肉桂末少許。調和完畢後，須要依照前面方法，用緩火煎熬，等它厚凝為止。

（5）葡萄醬先將葡萄洗淨去皮；但皮仍有用處，應該盛在另一隻盆裏。不能和葡萄肉併合一起。這樣分開放着，過了一夜，到第二天早晨，再把葡萄肉放在瓷器鍋裏煮燒，以滾爲度，隨即用濾器濾去殭塊和子，再把葡萄皮加進，和肉調和。然後將和味品，糖攙下，大概每五品脫葡萄肉，應當和紅糖四品脫，丁香末和肉桂末各兩匙，調和既完，重新再燒；燒過了一小時，再加酸醋一杯。這時候應該隨燒隨搗，以便能慢慢的凝結，不致於焦黏便好。

（二） 糖菓的製造法

（1）杏仁糖須取黃糖一磅，加水一滿杯，攪拌勻後，放在爐上燒滾；停攪。二三分鐘可加去皮杏仁半磅再攪，與糖調和到糖變深黃色爲止。卽刻就倒在鐵絲格上，等冷後，卽可分切成小塊。

（2）薄荷軟糖其製法取藕粉三兩，加冷水一升的四分之三，攪勻再加白糖一磅煮燒。十分鐘後，去火攪之到冷爲止，加薄荷精五六滴，拿一塊出來，滾成圓球；放在大理石板上，但石板必須先塗上脂油，免得糖粘在上面，冷後放在冰糖屑裏，滾轉就成功了。

（3）乳酪糖菓拿粒狀糖二磅，放在火上的鍋裏，再拿水一小杯倒入，讓它燒了八分鐘，等到漸漸厚了，萬不要動它。到了一定的時候，可以拿筷子挑一點兒，放在食指和大姆指的中間，然後拿兩指分開，中間的糖成了一條線，那就表明這個糖已經好了。立刻要盛起來放在碗裏；當熱的時候，拿木杓攪動，免得他面上結皮。冷後，加些蘭香汁和覆盆子果油等，又加些洋紅，使一半成淡紅色，那糖菓就成。

（4）可可軟糖的製法拿糖類的混合物用手搓成圓形，放在油紙上面過了二十四小時；另拿可可粉四兩，放在隔水鍋裏燉烊，加水二滿匙，冰糖二兩，攪和，再加牛油一小塊，乳酪幾滴，拿糖球倒下炒和，拿叉盛出再放在油紙上待冷，很是巧妙可口。

（5）椰子球糖白糖半磅，和水半小茶杯，放在鍋裏煮熱，不可攪動，等到拿糖漿滴在冷水裏，有裂聲爲止；再拿椰子一兩攪入。拿出一塊搓成的圓形，就是椰子球糖。

（6）大麥糖用沙糖一磅，及水一茶杯半，加酒石少許，燒熱了用杓取出少許，放在冷水裏；如果糖漿已經發脆，可以即刻加檸檬和番紅花少許，燒到華氏表三百度，取出倒在面上，鋪油的石板上，剪成條形，用紙包裹。

（7）蘭香硬糖塊糖一磅，葡萄糖三匙，水一小杯，調放在鋁鍋或錫鍋裏煮燒；須常常攪動。用冷水試驗，倘已已脆，加乳酪四分之一升，牛奶油半兩，再燒，時常攪動；等到滴在水裏發脆爲止，就加入蘭香汁倒在油石上，切成爲小塊，再用油紙包住方好。

（8）杏仁糖菓杏仁半磅，去皮切碎，在火爐上烘乾；取糖四兩，檸檬汁一匙，放在鍋裏，燒熱用木杓攪勻。等待稍變顏色，再將杏仁放入，倒在大理石上，用刀劃成方形，乾時裂開成塊。

（9）土耳其糖取動物膠質（各藥房裏有買的）一兩，溶在一茶杯的冷水裏，和上一磅糖精，一隻橘子，一隻檸檬的汁，同時放在鍋裏燒滾三次，煎了二十多分鐘，糖質漸厚；另外拿一隻塗了油的湯盆，把鍋裏的糖漿倒下一半；其餘一半，加紅花汁數滴，使它成爲淡紅色，倒在盆裏。先前的一半上面，等冷凝後，稍熱湯盆，把糖倒出，放在鋪滿冰糖屑的紙上，再切成方塊，然後裝進鐵罐，送親友最好贈裏。

九　燃料的使用法

A　柴薪的選擇法

柴有火力強弱以及經濟和不經濟的分別，最良好者祇有櫟。大可取做燃料者，不但是因爲它的火力強，是取它不同於杉松的全體燃燒而容易燼。櫟的燃燒，時常從柴的這一端，慢慢燒到柴的那一端，所以沒有浪費的火力；最能省費。再次要算楢以及山毛櫸，和櫟有同樣的特徵，也是好的燃料。若像赤松黑松等，因含樹過多，燃燒極容易，祇有一時驟然火旺，而致於火焰騰出於灶外，實在不經濟。倘若櫟與楢同時並用，那末效力比較多。凡是選擇薪柴，不拘那種材料都可用的；但是勿用其過分枯燥的，枯燥的薪柴，雖然分量輕而易燒，然而木材的樹脂分已經散失，容易燒的容易燼；所以火力不強。倘若爲分量而取之，恐怕結果必定多損失。還有木材從截倒後，約經三個月乾燥而未枯的，那可最爲適用。

B　炭的選擇法

炭亦有好與不好的分別，乃是因爲木材和燒法的不同。故有這種現象；現在先從木材而說，則有櫟炭，柞炭，楢炭，松炭，雜炭，桴炭等許多種類。　櫟炭，是用櫟樹燒成的；火力最強，時間亦可耐久。因此炭類作烹飪之用的，以這種爲最好。浙閩兩省所產的櫟炭，那是更好。　柞炭，是用柞樹燒成的。火力和時間，與櫟炭差不多，以山東所出產的最好。　楢炭，是用楢樹燒成的，火力亦強，但時間不長，適合於短時間煮物的用處，如若需要長時間的火力者，那末就不適用了。　松炭，乃用松樹燒成的，但著火很容易。其火力和時間都不十分充足　雜炭，是用雜木燒成的，做普通煮物的燃料，亦很適當。　桴炭，是燃燒後的枯，放在消火罈中而成的。最易着火，所以時常用做引火的媒介。　炭爲節省經濟起見，須在炭未用之前，仍將原簍中放着，然後用熱水澆淋；那末着火時，灰屑不飛，着手不黑，不但那火力可以增強，而且同時時間亦可耐久不息。

C　煤的選用法

煤，有黑煤，無煙煤，褐煤，泥煤四種。　黑煤質緻密，光澤像樹脂。含炭素的量與火力的強，都比無煙煤效力更小。但發多量的煙；點燈與燃料用的煤氣，就是這乾溜而成的。 無煙煤俗稱白煤，呈現漆黑色而有金屬光澤，含炭素最多。火力強而沒有煙，適合於鎔融金屬的用處；亦適合廚房烹飪，以及冬天火爐的燃料，故又名鋼炭。 褐煤，是黑褐色，有木理可以認清。燃燒以後，發煙極多，火力也不及上面兩種的強；常作爲普通的燃料。 泥煤，像泥形狀。燃燒之後，有多量的煙，和不快的臭氣，是最劣等的煤。但是用作燃料，取其價廉。乾溜溜亦可得強火力的煤氣。我們在家庭所用的煤，以褐煤爲最多。選擇的方法，務須採取其色眞黑，堅實而有光澤者爲上好的。若是脆而易碎多零屑的，那末這就是劣品，不合家常所用的。但是也不可限定，因爲有一種貧不可給的，祇取其價廉了。

D　煤油的選用法

煤油，是天然的產物，非人工製造而成的。他的原質，從地中湧出的原油精煉而得。去除其揮發性的，非常強者與非常弱者，取得其中間蒸出的油，方才適合於點燈的用途。近來煤油，作爲點燈用外，還可以作各種的燃料；像汽船汽機等，也用煤油做燃料，以發生動力所以煤油的用途極大。還有廚房所用的打氣爐煤油爐（就是普通所稱爲洋風爐）以及房間裏所用的煖爐，也是用煤油做燃料。煤油因爲它的火力很強，取用輕便，所以不能得煤氣與電力供給，或無力用煤氣與電力的，那末用煤油是很輕很便利的。鑑別的方法，那精製的，看起來像沒有顏色。假使含有其他雜物的，放在玻璃器裏透視以後則帶黃色，其反射光就是現淡紫色。煤油在我國出產很富，但是製煉不精良，所以普通採用的，反而是外來的舶來品。煤油以美孚公司的鷹牌煤油爲最好；亞細亞公司的虎牌次之。除此以外，粗製的煤油，光力文而發烟多的，不適合於實用的，不過價值稍廉。

E　焦煤的選用法

焦煤，是由專門煉成的爲最上等；若是從自來火廠蒸溜煤氣所得的焦煤，比普通的焦煤爲劣。這兩種的價值，相差很遠，所以要留心辨別。普通的焦煤，其顏色是白鉛色而有光澤，氣孔小而堅硬，打之，則發出和金屬相彷的聲音，而以沒有斑駁的爲格外好。蒸溜煤氣所得的，大概軟而易碎，因此焦煤須選擇其堅緻的，而且大塊的。但是從乾溜中出來的大塊，雖然大亦是不好的。專門煉成的，在市上叫做焦炭；蒸溜所得的，在市上叫做熟煤。焦炭的價格貴，而熟煤的價格比較賤。這兩種用途，前者適合於翻砂廠採用，後者適合於廚房或菜館採用，也很好的。

F 煤球的選用法

煤球很經濟的不過他的原質，是由無煙煤的碎屑及黃泥製成的。它不論在經濟方面，便利方面，以及其他方面，都要超過旁的各種燃料。所以在現在市面不景氣和社會經濟恐慌的時候，這煤球是很適合作爲廚房，或其他的燃料。煤球有家用煤球及柏油煤球兩種。其中家用煤球，又有用麵粉和黃泥做的分別；不過因麵粉成本的昂貴，因此現在這種煤球，已經沒有了。煤球的鑒別。柏油煤球，沒有什麼區別的。家用煤球要看其光潔堅硬，而稍帶有透光的爲最好；若是鬆而易碎的，就是劣品。市上所發售煤球牌子很多。其中要算中華煤球最好，不但是堅硬光潔而有透光，並且火力的強，可以超過任何的煤球；其原因爲原料成分純粹而多，而且機器的製成又與其他煤球廠不同。所以中華煤球，是煤球中最精良的，最經濟燃料。

G　節省燃料的選用法

燃料，是家常的必需品，因其火力有強有弱，在經濟上的價值，很有關係的。現在舉出種種燃料的發熱量，在後面，以作為備考。

黑煤	七五〇〇加羅里	焦煤	七〇〇〇	楢炭	六七〇〇
堅炭	六二二〇	雜木炭	六二二〇	煤球	六二〇〇
松炭	六一四〇	褐煤	五四〇〇	泥煤	四八〇〇
赤松	三八〇〇	黑松	三〇七〇	槲	二七五〇

所謂一加羅里，是用一克的水，昇攝氏表一度的溫度，所要之熱量。這表所揭示出的，是說黑煤一克的熱量，能使水一克昇至七千五百度的熱；換一句話說，就是黑煤一錢的熱量，能使七兩五錢的水，昇到一百度的熱。其餘照這張推算。統計本表的觀察結果，就各燃料所發的熱量相比較，那末要算用黑煤，極為合算。實際黑煤的價值，雖比較木炭木柴

爲貴，但是火力最強，使用於用煤的灶，又是很便利。所以在都市的家庭裏，用之最爲適宜。然而在初用的時候，略嫌着火比較難：假使稍稍養成習慣，那末也就容易了，但須先用煤球導引，然後加上，那就很容易發生他的本力。

十　廚房什物的使用法

廚房裏所用的各種東西，也有研究的。因爲每天常用的，必須求其便利而適於衞生。然而不可不求其堅固和耐用；若靈便而容易於破壞的，仍舊不適合於每日的用途。現在各種便利的什物，固然有發明的，然而趨於靈便，或有比較薄弱，不能經久的；幷且其用途，或者是專屬而不利融通。凡是像茶盞這一種什物，既可以當碗用，更可以爲杓的代用品，以及升（量器）的代用品，這就是所謂便利了。大凡廚房裏的什物，構造必須求簡單而堅固；而還可以隨意利用，方纔適合於家庭日用什物。假使在一日之中，祇不過在一時間的用處，其餘十幾個時間，有嫌其贅而非必要的，這種什物，無須購買。還有初買的時候，認爲是必要的，後來因爲與別的什物，不相配合而不珍重的，是亦不適合於實用，此將選用方法，介紹如下。

A 鐵鍋的選用法

鍋是鐵的化身，製造的鍋子，亦有製法的不同，有用鐵鑄成的，有鐵板由機器或人工打成的，這就是鑄鐵鍋，與煅鐵鍋的由來的分別。假使就鐵的性質來說，不過含有炭素多少的區別；然而就燒菜來說，是用鑄鐵鍋的滋味比較好；反轉來再就燒菜的工夫來說、那末是煅鐵鍋燒的時間，短而快熟。大凡鐵鍋取其堅牢的，那末輾轉使用，可以經過幾十年而不壞；然而物件堅牢的，其質料必定厚，燒菜非多費時間不可。並且因爲歷時既久，在每天的磨擦的損失也大。因此鐵鍋的揀選，應該注意其燒菜飯的早熟與遲熟；以能夠省燃料的算好，不應當求其能作，爲長久的用處。新鍋的鐵氣，在燒過以後，就可稍減。但是鐵氣厲害的，所燒的菜飯，往往會變黑。在新鍋買來的時候，應當先用滑油將凹面擦過，再用糠磨擦半天，那末鐵的氣味，可以除掉。

B　銅鍋的選用法

銅也可以製鍋，因為他本來是熱的良導體。銅鍋的做成，又比鐵鍋薄，所以用來燒菜，可以節省燃料。從這一點看起來，彷彿很覺可貴；然從另一方面來說，銅有時要發生銅綠。銅綠是醋酸；及銅化合成的醋酸銅，或者是炭酸和銅化合而成炭酸銅。但是這些都是有毒的物質，不可以不注意。要預防銅綠的發生，在銅鍋的裏面，必須塗上白鑞。（便是銲錫）。白鑞是鉛和錫的混合金屬；通常用錫九十分，鉛十分配合而成。銅既塗有白鑞，那末醋酸以及炭酸，不能直接侵襲到銅的本質裏，這樣不但鍋體可以保持堅牢，食品也可以安全而沒有妨礙。所以在揀買銅鍋的時候，以所塗的白鑞，十分完全的為最好。不過價值方面，比鐵製的稍昂。

C　琺瑯鍋的選用法

琺瑯鍋要用的琺瑯，且時常含有鉛質。但是鉛質有毒，所以琺瑯鍋以不用鉛玻璃製造，而用石灰玻璃製造的最好。不過鉛玻璃的用處，比之石灰玻璃與鍋的鐵質，容易於黏着；幷且製造品又比較美觀。因此，製造的人，時常私用這種有毒的鉛玻璃做的。各國警察法，因爲有這種緣故，都設有禁止的規定，並且是嚴重的取締。然而我們對於這種含鉛的物質，也應當研究那發見的方法。方法用稀醋酸溶液（四％）一杯，放在琺瑯鍋裏，大約燒一小時後，等其溶液燒濃，祇存原量的一半，通以硫化輕而觀察之。假使這琺瑯鍋的原質，是用鉛玻璃製成的，就可以看見黑色的沈澱；這就是含鉛的證據。凡是醋也含有溶鉛的作用，所以不明白琺瑯鍋的本質者，注入醋來燒，其所呈現的反應，也相同的。再者琺瑯用得不得法，其琺瑯質，就容易剝落。這是因爲琺瑯質與鍋的鐵質，得熱而兩者，中間膨脹的程度不同，所以互相分離。最好不用此項含有毒質的琺瑯鍋，以免妨害衞生。

D　釜的選用法

釜有幾種，且有責出飯來香和不香的分別，有紫銅釜，黃銅釜，鐵釜，土釜等許多種類。紫銅釜與黃銅釜的底薄；雖然可以稍省柴炭，但是有銅綠及其他有毒的物質發生；在使用的時候，不可不十分注意。土釜容易吸水，然而飯的味道比較好；不過容易破壞。還有用得長久而舊的飯味往往會變惡，在夏天格外容易發餿。各種釜的中間，以鐵釜爲最良好，鐵釜的上口，有直口轉口兩種。轉口的在鑄出後用鏟磨光，用時格外便利。釜的口徑，雖然大小不一，然而供給燒飯的用處，同樣容積的釜子，以口徑小的爲佳。釜的蓋應當揀選其厚而重的，因爲蓋重，那末適合於高温度燒的飯味甘美而且腐敗比較遲。還有當飯燒到極沸騰的時候，可勿使濃厚的飯汁流出，那末這飯的滋味，可以完全含在飯裏，所以也要選用研究的。

E　鐵釜的除鐵臭法

鐵釜時常會生銹，且有一種臭氣，所以新買來的鐵釜。必定有這種鐵臭；如果要除去，必須先燒沸熱水洗滌，然後再用冷水洗滌幾次，用乾抹布揩乾，伏放着，那末這鐵臭就可以免除。其有鐵銹的斑跡的，當先用磚磨去，再用豆渣細擦釜裏，依照上面方法洗滌之。還有用豆渣，糖，蕎麥粉等，在放釜裏燒，可以消除鐵臭。或者用甘藷，馬鈴薯等也有效力的。或者用赤砂糖一二斤，放在釜裏，反復攪炒；或者用栗實，柿皮，枇杷葉，等在釜裏炒之，也都有除臭的效用。假使經過以上方法，而臭還不能除去的，那末再加入熱水，燒開四五次，細細洗滌，揩乾，伏放着，必定能除臭。鐵臭應該特別注意而要消除的，不可以使鹽氣進入釜子裏。有鹽氣則鐵臭雖然除去，却能夠再引出來。洗釜的時候，可用熱水燒洗後揩淨，勿留多餘的污垢。還有時常用這鐵釜，那末也沒有鐵臭的弊病。還有鐵罐等的除鐵臭法，也可依照上面方法去施行。再有湯罐裏常附有白垢一層，這是硬水裏的炭酸石灰以及硫酸石灰所成。但是有湯垢，那末就沒有鐵臭，留日平心試驗，是很有效驗的。不可模餬，否則燒飯變味，而且不合衛生，必要注意的。

F　飯桶的選用法

飯桶必須用木製成，所用的木材，上等的是用花柏的赤心做成的；次等的用花柏的白皮做成的。再次等的是用杉木做成的。然而普通所用，因杉木做的居多數。用花柏的赤心者，外飾以銅箍亦很美觀；用來盛飯味好而不容易很快地腐敗。然而買新做的桶，往往是松柏等植物；裏面含有一種揮發油，其性質芳香，用來盛飯，雖然沒有惡臭，然而飯的香味失去；並且當飯冷以後，便有一股香氣，觸鼻而來，以致損害食味。須將這種香氣，必須設消除方法：用燈芯放在新桶裏，冲下熱水；那末裏面的松節溶油解出來。待水冷後，其油分凝集而浮遊，被燈芯所吸收去。另一方法：倒進燒的醋，蓋好。大約經過半天的時間。或者用豆渣加水燒，乘其熱的時候，倒進蓋上，大約經半天以上，那末這些香氣都可以辟除。或者在桶的裏外，髹上油漆等，乾後，既可使其不向外透，而且又很美觀，這家庭裏所應該常用的，不可忽略。

G　湯鍋選用法

湯鍋，是用以熱菜熱湯的，有銅和鉄，以及有益與無益的分別。有紫銅，黃銅做的；雖然外觀美而沸度速，然而非完全塗上白鑞，則不可以用。還有像燒水壺等，也有很多用紫銅，黃銅做的；但是總及不到鐵做的好。凡是鐵做的，即使有鐵銹，鐵臭，對於身毫不受到它的損害。若是紫銅，黃銅做的，那末銅綠銅臭，都含有毒的質，是極可憂慮的事。並且鐵分在吾人的身體上，是屬於有益的。但是，鐵的傳熱，比銅較遲，更不免多費柴炭，這也是沒有辦法

的事應當注意

H 鑪子的選用法

鑪子；也可分爲幾種，有泥做的，石做的，金屬做的。照堅固的問題來說，要算石做的最牢。不過石做的，那質量既重，還有不便搬動的缺點。金屬做的，堅牢較次，而輕便則遠過於石做的。不過不能十分發火，這也是它的缺點。泥做的，既輕便又發火，燒飯菜也迅速而便利；惟不及金屬和石做的耐用，所用的時候，倘若碰到猛烈的火，怕有罅裂而破壞之患，這是它的弱點。大凡鑪子以容易於發火，而通風口的裝置完全爲合宜。假使發火不良的，非但燒東西不適宜，而且因通風口的不完全，火力不能隨意加減，就是柴炭也多耗費。還有爐子，跟所用的燃料也不同其構造。譬如：用煤做燃料的，叫做煤汽爐子；用焦煤做燃料的，叫做焦煤爐子；用煤油做燃料的，叫做煤油爐子。現在還有電汽爐子的發明，是用電的熱力做燃料；既靈便，更清潔，是別種所不及的。不過這種爐子，必須要看土地的狀況以及用途，而選擇其合宜的。否則無電的地方，就不能用。

1　灶的選用法

灶是家庭內一日不可缺少的東西，有銅造，泥造，磚造，鐵造等各種的分別。泥造的，就是普通叫做黃泥灶；其狀像缸，用黏土摶埴成坯，等到乾後就可用的，最是粗陋。還有一種叫做行灶，是用泥坯放在窰裏燒成的。在船裏或旅行時用之，因爲取那省便的緣故，可是不能耐用的。磚灶，是用泥磚築成的。不過製法不同；有的火門在前的，燃料用煤；還有火門在後的，燃料用柴。惟用柴的家庭爲多；近來有做西洋式灶用煤的，其着火以及退火，都很費事，這是缺點。金屬做成的，不論那一種都適宜。從美觀上說。要推銅做的；從堅牢耐用上說，要算鑄鐵做的爲最相宜。近來用鑄鐵做的，有儉柴灶，改良灶等各種名目。其形不大，而釜，鍋，湯壺這一類東西，都齊備的。放置在廚房裏，可以不佔什麼地位，那可很值得採用。不過釜，鍋等都是銅做。對於衞生方面，是不十分相宜的，故必選用。至于電灶和金屬的，價值祇限于一部分有錢的，方能購用，這是最不經濟的。

書名：烹飪新術
系列：心一堂・飲食文化經典文庫
原著：【民國】許敦和
主編・責任編輯：陳劍聰

出版：心一堂有限公司
通訊地址：香港九龍旺角彌敦道六一〇號荷李活商業中心十八樓〇五一〇六室
深港讀者服務中心：中國深圳市羅湖區立新路六號羅湖商業大厦負一層〇〇八室
電話號碼：(852) 67150840
網址：publish.sunyata.cc
淘宝店地址：https://shop210782774.taobao.com
微店地址：https://weidian.com/s/1212826297
臉書：https://www.facebook.com/sunyatabook
讀者論壇：http://bbs.sunyata.cc

香港發行：香港聯合書刊物流有限公司
地址：香港新界大埔汀麗路36號中華商務印刷大廈3樓
電話號碼：(852) 2150-2100
傳真號碼：(852) 2407-3062
電郵：info@suplogistics.com.hk

台灣發行：秀威資訊科技股份有限公司
地址：台灣台北市內湖區瑞光路七十六巷六十五號一樓
電話號碼：+886-2-2796-3638
傳真號碼：+886-2-2796-1377
網絡書店：www.bodbooks.com.tw
心一堂台灣國家書店讀者服務中心：
地址：台灣台北市中山區松江路二〇九號1樓
電話號碼：+886-2-2518-0207
傳真號碼：+886-2-2518-0778
網址：http://www.govbooks.com.tw

中國大陸發行　零售：深圳心一堂文化傳播有限公司
深圳地址：深圳市羅湖區立新路六號羅湖商業大厦負一層008室
電話號碼：(86)0755-82224934

版次：二零一七年八月初版，平裝

心一堂微店二維碼　心一堂淘寶店二維碼

定價：港幣　九十八元正
新台幣　三百九十八元正

國際書號 ISBN 978-988-8317-68-4